零基础学

王舒◎编著

短视频 一本通

内容策划+拍摄制作+后期剪辑+运营推广

北京大学出版社

PEKING UNIVERSITY PRESS

内 容 提 要

"刷短视频"已经成为人们的一种生活习惯。截至2022年，我国短视频领域的日活跃用户数接近10亿。其中，参与短视频内容创作的用户数高达3亿。如此庞大的数据背后，是短视频已经渗透我们的生活、工作、学习等各个领域的现状。

本书以"实操技能+实用案例"的思路，全面讲解了从事短视频行业所需的各方面能力与相关操作技能。本书内容包括短视频的发展历程、主流短视频平台介绍、平台流量分配机制、短视频拍摄与剪辑制作、短视频内容策划与定位、打造优质短视频的技巧、短视频运营推广、短视频商业变现等。

本书在相关章节中为读者安排了实操任务和课后测试，帮助读者巩固所学知识并达到学以致用的目的。全书内容安排由浅入深，写作语言通俗易懂，实例题材丰富多样，特别适合广大职业院校及培训学校作为新媒体、短视频电商等相关专业的教材用书。同时也适合作为广大初学者、电商爱好者的学习参考书。

图书在版编目(CIP)数据

零基础学短视频一本通 ： 内容策划+拍摄制作+后期剪辑+运营推广 / 王舒编著. — 北京：北京大学出版社，2023.11

ISBN 978-7-301-34540-5

Ⅰ.①零… Ⅱ.①王… Ⅲ.①视频制作②网络营销 Ⅳ.①TN948.4②F713.365.2

中国国家版本馆CIP数据核字（2023）第187852号

书　　　　名	零基础学短视频一本通：内容策划+拍摄制作+后期剪辑+运营推广 LING JICHU XUE DUANSHIPIN YIBEN TONG: NEIRONG CEHUA+PAISHE ZHIZUO+ HOUQI JIANJI+YUNYING TUIGUANG
著作责任者	王　舒　编著
责 任 编 辑	王继伟
标 准 书 号	ISBN 978-7-301-34540-5
出 版 发 行	北京大学出版社
地　　　　址	北京市海淀区成府路205号　　100871
网　　　　址	http://www.pup.cn　　　　新浪微博：@北京大学出版社
电 子 邮 箱	编辑部 pup7@pup.cn　　总编室 zpup@pup.cn
电　　　　话	邮购部 010-62752015　　发行部 010-62750672　　编辑部 010-62570390
印 刷 者	北京圣夫亚美印刷有限公司
经 销 者	新华书店
	720毫米×1020毫米　16开本　14.5印张　252千字 2023年11月第1版　2023年11月第1次印刷
印　　　　数	1-3000册
定　　　　价	69.00元

短视频作为当下最受用户喜爱的一种"自媒体"传播形式，成为各行各业的"必争之地"。短视频已经不再是单纯地用于记录美好生活，而是被各类商业机构、创业者用于营销宣传和商业变现。如果说十多年前开启了一个电商时代，改变了用户的消费习惯，那么今天随着用户不断地涌入短视频领域，短视频时代已经来临。它不仅改变了用户获取信息的方式，还悄然对电商行业进行了升级优化。

本书内容介绍

本书内容以实操任务结合案例分析，让读者全面了解短视频的制作与运营，并结合ChatGPT的AI能力帮助读者高效快速地开展短视频创作。本书内容包括短视频的发展历程、主流短视频平台介绍、平台流量分配机制、短视频拍摄与剪辑制作、短视频内容策划与定位、打造优质短视频的技巧、短视频运营推广、短视频商业变现等。在每章内容中，都结合实际情况精心安排了"课堂问答""知识能力测试"等内容，旨在帮助读者提高动手操作能力并巩固所学的知识。

本书特色

（1）本书内容由浅入深，语言通俗易懂，案例题材丰富多样。每个操作步骤的介绍都清晰准确，是一本适合短视频行业各岗位工作人员和希望进入短视频行业的初学者的学习参考用书。

（2）本书内容全面，对短视频策划、拍摄、剪辑制作、运营推广、商业变现等内容进行了系统梳理，结合大量的配图说明和实操案例，使短视频电商行业中晦涩难懂的部分变得浅显易懂。

（3）本书案例丰富，实用性强。全书安排了15个"课堂范例"和9个"课后实训"任务，帮助读者提高短视频运营与制作的动手能力；安排了23个"课堂问答"，帮助初学者排解学习过程中遇到的疑难问题；安排了50个"大师点拨"和29个"温馨提示"，对知识点和实操工作的细节进行了诠释和延伸。并且在每章的最后都安排了"知识能力测试"的习题，认真完成这些习题，可以帮助初学者巩固所学内容。

教学课时安排

本书综合了短视频行业各个环节和岗位的工作内容，现给出本书教学的参考课时（共48个课时），主要包括教师讲授（31个课时）和学生实操（17个课时）两部分，具体如下表所示。

章节内容	课时分配	
	教师讲授	学生实操
第1章 短视频入门的基础知识	1	
第2章 了解各大短视频平台及其流量特性	2	1
第3章 熟知平台流量的推荐算法机制	3	1
第4章 掌握短视频的拍摄技法	4	3
第5章 短视频的剪辑方法与技巧	6	4
第6章 短视频的内容策划与定位	4	2
第7章 短视频的选题创意与文案编写	5	2
第8章 短视频的运营与推广方法	4	2
第9章 短视频的商业变现模式	2	2
合计	31	17

本书知识结构图

本书内容安排与知识架构如下。

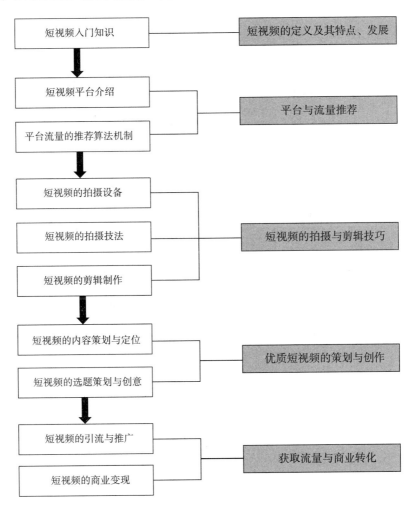

配套资源说明

本书附赠了相关的学习资源和教学资源，具体内容如下。

一、PPT 课件

本书为教师们提供了 PPT 教学课件，方便教师教学使用。

二、习题及答案

本书中"知识能力测试"及"知识与能力总复习"的参考答案，可参考赠送资源中的"习题答案汇总"文件。

三、赠送相关电子书

本书还赠送7本电子书，具体如下。

（1）《ChatGPT的调用方法与操作说明手册》。

（2）《国内AI语言大模型简介与操作手册》。

（3）《平面与立体构图宝典》。

（4）《色彩搭配宝典》。

（5）《PS图像调色润色技法宝典》。

（6）《PS修图技法宝典》。

（7）《PS图像合成与特效技法宝典》。

温馨提示

以上资源已上传至百度网盘，供读者下载。请读者用微信扫描右侧二维码关注公众号，输入图书77页的资源下载码，获取下载地址及密码。

资源下载

官方微信公众号

创作者说

本书由凤凰高新教育策划，由经验丰富的王舒老师执笔编写。在编写过程中，我们竭尽所能地为读者呈现最好、最全的实用功能，但仍难免有疏漏和不妥之处，敬请广大读者不吝指正。

第3章　熟知平台流量的推荐算法机制　　042

第4章　掌握短视频的拍摄技法　　056

第5章　短视频的剪辑方法与技巧　083

第6章　短视频的内容策划与定位　124

第7章　短视频的选题创意与文案编写　151

第8章　短视频的运营与推广方法　174

第9章　短视频的商业变现模式　192

第 1 章

短视频入门的基础知识

　　随着移动互联网技术与 4G、5G 网络的发展，信息传播速度越来越快。人们获取信息的渠道也更加多样化。传统的电视、电台、报刊逐渐被智能手机代替，同时用户的时间也被智能手机上的各类信息割裂成小段，我们把这种现象称为信息碎片化。在碎片化信息时代，人们对内容的需求变得更加"短小精干"，短视频也在这种时代背景下应运而生。截至 2022 年，全国短视频用户已经接近 10 亿，各类短视频平台如雨后春笋般出现，使得短视频不单单是一种内容形式，更成为大家争相使用的营销手段和创业载体。

学习目标

- ◆ 了解短视频的发展历程
- ◆ 了解短视频的特点
- ◆ 了解短视频与直播的关系
- ◆ 了解内容与流量的价值

1.1 什么是短视频

目前短视频已无处不在，朋友圈内容、新闻信息、商品广告、官方通告……都在应用短视频的形式进行发布和传播。无论你是不是短视频用户，都不得不承认这已经是一个短视频的时代，而且它还在继续发展，远远没有到达它的巅峰。据不完全统计，截至2023年6月，全球每天生产的短视频数量远超5亿条。截至2022年，仅抖音平台每天生产的短视频数量就突破1亿条。

短视频的快速普及和广泛应用，主要有以下几个原因。

（1）方便快捷：短视频可以在几秒钟到几分钟内提供内容信息和娱乐，使用户更容易接受和消化信息。

（2）移动互联网的普及：随着智能手机的普及，人们可以随时随地使用短视频应用程序观看和制作视频。

（3）社交媒体的影响：短视频应用程序和平台如抖音、快手、小红书、bilibili等在社交媒体上的广泛传播和推广，吸引了越来越多的用户和内容创作者。

（4）个性化和定制化的需求：短视频应用程序可以根据用户的兴趣、喜好和习惯进行个性化推荐和定制化服务，使用户的体验更加满意。

（5）商业机会：短视频平台已经成为许多品牌和营销人员吸引目标受众的重要渠道，吸引了大量的广告投入和商业合作机会。

1.1.1 ▶ 短视频的定义

短视频是一种内容承载形式，即短片视频，通常短视频播放时长不超过3分钟，抖音早期平台要求普通创作者上传的视频时长不得超过1分钟。随着移动终端的普及和网络的提速，短平快的大流量传播内容逐渐获得各大平台、粉丝和资本的青睐。

短视频旨在短时间内为用户提供娱乐、教育、信息、产品展示等内容，它可以通过智能手机应用程序、社交媒体平台、在线视频网站等渠道传播和观看。

短视频与其他类型视频最大的区别就是视频时长大大缩短，传统的长视频如电影、电视剧、新闻节目往往时长在30分钟以上，个别电影时长甚至高达4小时，如图1-1和图1-2所示。用户要获取后者的信息需要付出巨大的时间成本，在如此高节奏和碎片化的时代，动辄1小时以上的时间成本，显然是用户不能承受的。

图1-1 短视频时长

图1-2 电影时长

而短视频虽然时长较短，但内容的完整性并不缺失，更加符合信息快餐化对内容"短小精干"的要求。

据不完全统计，截至2023年6月，全球每天生产的短视频数量远超5亿条，如此高的产量背后隐藏着短视频的四大特点。

1 时长较短

短视频的长度通常在15秒到3分钟之间，适合用户快速浏览和消化信息。

2 内容多样

短视频可以提供各种类型的内容，包括娱乐、教育、新闻、产品展示等。

3 制作简单

通过短视频应用程序和平台，人们可以使用简单的工具和模板制作短视频，不需要专业技能或复杂的设备。

4 社交性强

短视频应用程序和平台通常具有社交化特征，用户可以与其他用户互动和分享自己的视频内容。

1.1.2 ▶ 短视频的产生与发展

短视频的产生可以追溯到2010年，当时社交媒体的兴起促进了短视频的诞生，如Snapchat和Instagram等国外社交媒体最早允许用户上传和分享短时限的视频内容。随着智能手机的普及和拍摄视频的技术门槛的降低，短视频在社交媒体上的使用也逐渐增多，越来越多的人开始制作和分享短视频。

短视频的起源是长视频，在国内随着优酷、爱奇艺、乐视、土豆等视频网站的兴起，整个互联网逐步进入视频时代，但它们通常要求视频的时长较长，不符合短视频的特点。随着移动互联网终端的普及和移动网络的优化提速，每天在各大视频平台生产的视频数量呈几何倍数增长，如何让自己的视频内容受到更多用户的青睐，成为每一个创作者要考虑的第一个问题。

随后，一些专门针对短视频的平台如抖音、快手和视频号等应运而生，它们提供了短视频制作和分享的便利，并且有着丰富的社交功能。这些平台的出现使得短视频成为社交媒体上最受欢迎的内容形式之一。

短视频的发展也带来了一系列的机遇和挑战。短视频平台被视为对传统媒体和艺术形式的威胁，然而短视频在全球范围内的发展仍在不断加速，并且成为影响全球范围内数以亿计的人的娱乐方式。

> **温馨提示**
>
> 在短视频正式出现前，时长较为短小的视频内容被称为"小视频"，也就是今天被再次提及的"中视频"。

在实际创作和发布的过程中，大家发现简短且内容完整的视频更加利于观看和传播，也更加贴合用户碎片化内容的消费需求。随着短视频的用户不断增加，资本和创业者敏锐地嗅到这一商机。在多方的合力扶持下，短视频平台如雨后春笋般出现，各大传统视频平台也不断推出短视频功能或向短视频赛道转型。

但真正让短视频成为一个具有标志性的互联网时代，是AI智能推送、用户匹配机制的大范围应用。它基于大数据的AI算法，极大地提高了用户碎片化时间的内容消费效率。至此，短视频时代真正来临。

> **大师点拨**
>
> 短视频由于其快速传播的特点，被嵌入社交、电商、新闻资讯等平台，成为当下最炙手可热的一种内容载体。

短视频发展的重要里程碑事件如下。

2011年，快手诞生，以GIF制作和发布为主。

2012年，快手全面转型短视频。

2013年，腾讯微视、微博秒拍正式上线。

2016年，抖音、火山小视频正式上线。

2017年，西瓜视频、百度好看视频、360快视频正式上线，土豆网转型为短视频平台。

2019年，抖音推出直播功能，视频号正式上线。

1.1.3 ▶ 短视频的内容特性

移动互联网的普及使得内容生产能力大大提升，内容的消费场景也变得多元化。以前人们获取信息的主要途径是电视、报刊、书籍等，都需要特定的场景或时间，但现在可以随时随地通过智能手机获取各种信息。

在这个时代，传播速度和传播范围是考量一条内容优劣的核心参数。要想在数以亿计的竞争内容中脱颖而出，除了内容本身的"含金量"，还必须满足"短和快"的特点。"短"即内容时长和篇幅尽可能压缩，这样可以让用户快速地获取内容中的信息，在竞争中抢占先手。"快"则可以理解为内容重点或高潮部分前置，让用户在浏览内容时第一时间看到最为重要和最吸引人的部分，从而更有兴趣浏览完全部内容。

互联网革命带来的是信息爆炸，海量的各类信息使热点事件、重要新闻的热度维持时长大大缩减。所以，能否第一时间对重要热点做出响应也是对"快"的一种诠释。概括来讲，碎片化信息时代的内容特点主要包括以下几点。

（1）简短。由于需要在短时间内吸引人们的注意力，传达核心信息和价值观，因此内容通常比较简短，易于消化。

（2）关联性强。内容通常与现实生活紧密相关，容易让人们感到关联性。

（3）图像化。内容通常更加图像化，因为图像相比文字更容易吸引人们的注意力，也更容易记忆。

（4）实用性强。内容通常具有很强的实用价值，可以帮助人们解决实际问题。

（5）生动有趣。内容需要生动有趣，从而吸引用户的关注和兴趣，使用户产生共鸣与共情。

（6）互动性高。内容通常具有很高的互动性，例如，通过评论和点赞等形式，可以提高用户的参与度。

总的来说，碎片化信息时代的内容需要同时兼顾简洁、直观、实用、互动等诸多因素，以适应当今社会快节奏的生活方式。

> **温馨提示**
>
> 碎片化信息时代是指数字技术、网络技术、传输技术的大量应用，大大强化了受众作为传播个体处理信息的能力。碎片化现象不但让受众群体细分呈现为碎片化现象，也引发了受众个性化的信息需求，整个网络传播呈现为碎片化语境。正如美国西北大学媒体管理中心负责人约翰·拉文所说，"碎片化"是"遍及所有媒体平台最重要的趋势"。

1.1.4 ▶ 短视频行业名词解释

熟悉短视频行业相关名词，可以更加快速地认识行业，这也是短视频运营者必须完成的前期准备工作。

（1）KOL（Key Opinion Leader）：关键意见领袖，是指在特定领域中拥有更多、更准确的产品认知，且为目标群体所接受或信任，并对该群体的购买行为有较大影响力的人。KOL通常是在社交媒体平台上拥有大量粉丝和活跃度的人，能够通过自己的话语和行为影响其他人的看法和行为。KOL通常是某一领域的专家、博主、名人或网络红人等，他们拥有一定的权威性和影响力，能够通过自己的推荐和宣传，为品牌、产品、服务等带来关注度和认可度。在营销领域中，KOL经常被用来进行产品推广和宣传。

（2）MCN（Multi-Channel Network）：字面意思为"多频道网络"，也可以理解为内容创作者、品牌方、媒体平台三方的中介机构，旨在为内容创作者和品牌主提供管理、营销和发展方面的支持和服务。MCN机构通常与抖音、快手、小红书等社交平台上的创作者合作，帮助他们管理其频道、制作内容、扩大受众、提高收入等。内容创作者、品牌方、媒体平台三方分别代表内容输出、商业变现、媒体传播，而MCN就是将三方撮合到一起，更好地提供营销推广服务。

> **大师点拨**
>
> MCN机构通常提供以下服务。
>
> （1）账号管理：帮助创作者管理其平台账号、优化视频内容，增加受众和流量。

（2）内容制作：帮助创作者制作高质量的视频内容，以提高受众的关注度和忠诚度。

（3）品牌合作：帮助创作者与品牌合作，提供品牌营销、广告投放等服务，以增加收入来源。

（4）知识产权管理：帮助创作者管理其知识产权，保护其创作成果不被侵犯。

（5）数据分析：通过数据分析和报告，帮助创作者了解其受众和内容表现，优化其营销策略和内容制作计划。

（3）UV（Unique Vistor）：独立访客数，指访问某个站点或点击某个网页的不同IP地址的人数。在同一天内，UV只记录第一次进入网站的具有独立IP的访问者，在同一天内再次访问该网站则不计数。直播间的UV值即在规定时间段内进入直播间的用户数量，同样不计入再次进入的数量。短视频的UV则是指观看短视频的用户数。

（4）限流：是指针对短视频平台中的视频内容，平台管理方采取的一种措施，通过限制视频的曝光量、播放量、发布量等，来控制短视频的传播速度和规模，以达到平台管理方所设定的目的和要求。短视频平台在运营过程中，通常会对用户上传的视频内容进行审核，将一些不符合平台要求的视频进行删除或限制。而在某些情况下，平台也会对某些热门视频或内容进行限流，例如，视频内容可能引起争议或违反相关法律法规等原因，或者平台希望引导用户关注或推广其他内容。限流的方式一般包括限制视频的曝光量，使其无法在平台上被广泛传播；限制播放量，使其只能被有限的用户观看；限制发布量，使其只能由特定的用户或群体上传等。限流措施可以有效地控制短视频内容的传播速度和规模，但也可能会对平台的用户和内容创作者带来一定的影响和限制。

（5）ROI（Return On Investment）：投入产出比，这是一种用于衡量投资收益的指标，通常用于评估一项投资或业务决策的潜在盈利能力。ROI可以帮助投资者或企业决策者比较不同的投资或业务机会，以确定哪个机会可以带来更高的利润。ROI也可以用于评估一场直播或商品的转化效率，以确定是否需要采取措施来提高效率和利润。ROI通常表示为一个百分比，在短视频付费推广场景中，ROI＝广告产生的总销售金额÷广告花费，ROI＝广告产生的新增粉丝数÷广告花费，或者ROI＝广告产生的总播放数÷广告花费。

（6）直播广场：常指抖音或其他平台直播的入口汇聚地。在直播广场上，用户可以浏览不同主题、不同内容的直播房间，观看感兴趣的直播内容，并与主播互动交流。对于主播而言，直播广场是一个可以吸引更多观众、增加曝光率、提高收益的重要平台。通过在直播广场上展示自己的直播内容，主播可以扩大自己的粉丝群体，提高自己的知名度和影响力，同时还可以通过观众送礼物的方式获得一定的收益。

（7）小黄车：抖音直播间售卖商品的购物车，也是短视频变现和带货最重要的途径。因其为黄色，所以称为"小黄车"。

● 课堂范例 ●

高爆优质短视频内容赏析

在抖音平台上有多位粉丝数突破千万的内容创作者，其中"疯狂××哥"粉丝更是突破1亿人，如图1-3所示。他发布的视频时长通常在1至2分钟以内，虽然时间不长，但单个故事情节完整，故事中往往含有多个反转情节，打造出了无数传播甚广的搞笑段子。"疯狂××哥"的短视频通常播放量高达数亿，点赞数量达到数百万，如图1-4所示。

图1-3 "疯狂××哥"抖音账号　　　　图1-4 优质短视频内容

1.2 了解直播与短视频的关系

准确来讲，目前盛行的直播应该称为"网络直播"，它区别于传统的电视直播，是因移动互联网技术的普及而产生的。网络直播分为两类，一类是通过互联网提供电视信号，用于观看电视节目，如连续剧、新闻、体育赛事等。另一类就是大家常见的通过独立视频采集设备发布直播内容，供用户观看。

1.2.1 ▶ 直播的历史与发展

网络直播是一种通过互联网将实时视频和音频内容传输到用户设备的技术，它自20世纪90年代末以来一直在快速发展，近年来得到了迅速的推广。网络直播技术的发展与普及不仅改变了人们的观看方式，还对传统的媒体行业产生了深远的影响。2005年，YouTube成为全球首个大规模普及的视频共享网站，为网络直播技术的普及提供了重要推动力。随着移动互联网和智能手机技术的发展，网络直播也逐渐应用在移动设备上，并在社交媒体平台得到了大量推广。

现在，网络直播平台如TikTok、Facebook、YouTube、抖音、快手等提供了各种直播内容，用户可以在任何地方观看。网络直播的普及不仅改变了人们的观看方式，也对传统媒体产生了深远影响。网络直播为观众提供了更多元、更互动、更实时的内容，也为艺人和商家提供了更广阔的展示平台。我国最早的直播内容主要为热门网络游戏，比如，魔兽争霸、CS、传奇等。但初期由于受到终端设备性能和网络带宽的限制，主要直播形式为语音直播。当年的新浪UT（图1-5）、爱聊、YY、盛大ET等语音平台，伴随着80后度过了无数的游戏夜晚。

总的来说，网络直播技术的发展与历史代表着互联网技术的不断进步，也极大地改变了人们的生活方式和娱乐方式。

2008年算是视频直播的元年，当年的一款在线视频交友软件由于模式新颖，深受年轻用户喜欢。之

图1-5　新浪UT

前的一条网络视频《一个馒头引发的血案》火遍全网，使得其首发平台"六间房"名声大噪，网络视频与直播正式登场，但谁也想不到它能发展成为如今这个全民直播的空前盛世。

这一切都要归功于"资本"的全面介入。受到网络技术的限制，直播行业在2014年之前并未出现爆发式增长的趋势。但4G网络与移动终端的普及，让视频直播拥有了更加完美的生存土壤。此时在资本的助推下，直播行业成为一个极为火爆的创业风口。仅2015—2016年，全网一共上线直播App数百个。在此期间各大传统互联网巨头也纷纷入场，要么收购，要么投资，要么自行开发出多款如今耳熟能详的直播平台。至此，直播行业迎来了第一个高峰期。

温馨提示

在这一阶段，直播不再仅是网络游戏的天下，才艺、颜值、秀场等直播类型层出不穷。各直播平台的激烈竞争使得行业从业人数急剧上涨，薪资待遇、分佣提成也达到一个前所未有的高度。行业竞争加剧使得部分小平台开始通过低俗内容吸引流量。2016年，国家相关管理单位公布了《互联网直播服务管理规定》，其中要求直播平台需要拥有《信息网络传播视听节目许可证》和《网络文化经营许可证》。

2016年9月，直播行业迎来一个被载入史册的名字——"抖音"。抖音初期主打短视频社交，是一个发布短视频内容的UGC平台。2019年，抖音推出直播电商功能，让整个直播行业进入了一个新的高度。目前各大明星、品牌商、厂商均入场直播领域，其俨然成为一个商业兵家必争之地，就连中央电视台也降低身段开始运用直播平台进行网络直播。

温馨提示

UGC（User Generated Content）模式指的是用户生成内容模式，是一种通过用户参与、创造和共享创意内容的方式来促进用户互动和参与的模式。

在UGC模式中，用户可以通过社交媒体、在线论坛、博客、维基百科等平台，以自己的方式和语言，创建和共享各种类型的内容，如视频、图片、音乐、文本等。这些内容可以被其他用户浏览、评论、点赞和分享，从而形成互动和社交效应。

UGC模式可以带来许多好处，如增加用户参与度、提高品牌知名度、提高网站排名、改善产品服务等。同时，UGC模式也面临一些挑战，如内容质量管理、版权问题、网络安全等方面的风险。

1.2.2 什么是直播电商

直播电商是指通过直播平台实现商品销售的电子商务模式。在直播电商中，商家通过直播平台进行直播推销商品，吸引用户观看直播并购买商品。主播通常是商家或具有一定影响力的社交媒体人物，通过与观众互动，介绍商品的特点、使用方法、优惠活动等，鼓励观众购买。

直播电商的优点是可以提高商品销售的转化率和用户黏性，通过直播的互动形式提高用户对商品的了解和信任度，同时直播过程也可以直接解决用户的问题和疑虑。另外，直播电商也可以带来社交效应，通过分享直播内容吸引更多的潜在用户观看和购买。我国的直播电商最早出现在2016年，时年淘宝开通直播功能，帮助商家提高商品展示能力。经过数年的发展，直播电商已经形成一套完善的产业链模式。

直播电商属于电子商务的一种类型，是将直播与电商相融合的一种电商模式。相比以天猫、京东为代表的传统电商，具有更强的展示性、及时性和互动性，如图1-6所示。传统电商在商品展示层面主要以图文为主，用户对商品的感知缺乏立体性和全面性，而直播电商则以实时的直播视频对商品进行展示和讲解。由于新的展示方式的采用，直播电商在提高消费转化率和缩短消费决策时间方面具有明显优势。

图1-6 直播电商

在电商行业中存在着两种模式，分别是搜索电商和兴趣电商。传统电商属于搜索电商模式，即用户通过在电商网站上搜索自己想买商品的关键词，找到心仪商品再下单购买。在搜索电商中，用户的购买行为主要基于需求，即用户已经有了购买意愿和目的，而搜索引擎或电商平台为其提供了方便快捷的购买途径。这种模式下用户已有消费需求和消费计划，属于理性消费。

而直播电商则属于兴趣电商模式，它是基于用户的兴趣和偏好，通过个性化推荐等方式引导用户购买商品。在兴趣电商中，直播平台通过收集用户的行为数据和兴趣标签等信息，分析用户的购买偏好和需求，向用户推荐符合其兴趣和需求的商品。这种模式更加注重用户的购物体验和个性化需求，可以提高用户的满意度和忠诚度。用户可能在直播间看到一样和自己兴趣爱好相关的商品，在主播的鼓动下产生了购买行为。这种行为属于感性消费或冲动消费。

大师点拨

短视频和直播带货常被称为"内容电商"，它是兴趣电商的一种形式。内容电商是指通过内容营销等方式吸引用户，为其提供个性化的产品和服务，从而促进用户购买行为的电商模式。在内容电商中，电商平台会通过推荐优质内容吸引用户，为其提供有价值的信息和服务，并通过精准的定位和个性化推荐，引导用户购买相关产品或服务。

与传统的兴趣电商不同的是，内容电商更加注重在营销和推销过程中提供有价值的内容，通过内容本身来吸引用户的兴趣和关注。同时，内容电商也更加注重用户体验，通过优化购物体验和提供高品质的服务来提高用户的满意度和忠诚度。

总之，内容电商属于兴趣电商的范畴，但在营销方式上更加注重提供有价值的内容和优化用户体验。

1.2.3 ▶ 短视频与直播的关系

短视频和直播是当前移动互联网时代两种最受欢迎的内容形式。短视频通常是以娱乐、社交和分享生活中的点滴为主。直播则是一种实时互动的内容形式，通常用于演讲、娱乐和电商。

短视频和直播的关系非常密切，因为它们都是在线娱乐社交、电子商务的主要形式。短视频为直播提供了一种简单而直观的方法来进行推广和展示，因此很多主播都会制作和发布短视频来吸引观众。反过来，直播也可以帮助主播提高知名度，因为主播可以在直播中提到自己的短视频，吸引更多的观众关注。

此外，短视频和直播也有着共同的特点，如互动性和即时性。短视频通常可以评论和点赞，而直播则允许观众和主播进行实时互动，如问答和互动游戏。这种互动性和即时性是短视频和直播最大的优势，也是其吸引观众的关键因素。

虽然短视频与直播具有部分共同特点，但在营销效果上却有着不同的分工。两者具有极强的互补性，短视频依靠优质的内容吸引更多粉丝，具有留存用户和快速传播的特性，但在互动性和即时性上有着明显缺失。而直播由于不能剪辑编辑和不可逆的特性，在内容变现上不如前者，但互动性更强，利于促进用户完成消费。总的来说，就是短视频更适合宣传推广，直播更适合消费转化，这就是互联网营销领域常说的"短视频种草、直播割草"。

短视频和直播是相辅相成、互相促进的两种内容形式，它们具有以下两大关系特点。

1 平台共生关系

目前主流的短视频平台，都同时具备短视频和直播两大功能。也就是说，两者在平台内面对的是相同的流量群体。用户根据自身的需求和喜好，选择不同的内容形式。以用户需求为出发点，创作者在内容呈现形式上同时拥有短视频和直播两种形式，可以更好地触达用户，获取更多的流量关注。

2 营销互补关系

短视频受时间和空间的限制较小，用户可以利用碎片化时间在移动场景下进行观看。而观看直播在时间和空间上都具有较强的限制性。直播往往具有固定的时间点，这个时间不受用户控制。加之直播时长通常用小时作为时间单位，用户完整观看一场直播需要花费大量时间，在移动场景下也不能完整观看整场直播。所以，在营销上短视频具有传播速度快、传播周期长的优势，更加适合汇聚流量、打造账号。

但直播时主播可以与用户进行实时互动，提升用户的参与感，增强用户的黏性和忠诚度。同时，主播可以通过直播中的互动反馈，深入地了解用户需求，从而更好地帮助主播形成自己的直播方法论。所以，直播具有互动性、实时性更强的优势，可以更好地释放商业势能。

温馨提示

"种草"和"割草"是一种网络用语，通常用于形容购物和消费行为。

"种草"通常指的是看到一些商品或服务后，因为它们的外观、功能、性价比等因素，对它们产生了浓厚的兴趣和购买欲望，从而将它们添加到自己的购物清单或购物车中，或者直接购买了这些商品或服务。在美妆、时尚等领域中，"种草"常常被用于形容一些比较新颖、有趣、好用的商品或服务的推荐。

"割草"通常指的是通过促销、折扣、降价等方式购买一些本来不需要或原本没有购买意愿的商品或服务，以获取实惠和优惠。"割草"通常是在购物季或促销活动期间出现的现象，例如，"双11""618"等电商促销活动。在这些活动中，商家会推出一些特价或限时促销的商品，吸引用户进行购买，从而促进销售额的增长。

1.2.4 ▶ 短视频/直播的内容禁忌

由于竞争激烈，部分内容经营者在短视频和直播早期，通过生成低俗内容来吸引流量。随着政府监管部门的介入，行业法规不断完善，严禁各类违法和违反社会公序良俗的短视频和直播内容出现。这些行为主要为以下类型，如表1-1所示。

表1-1　短视频/直播违规行为

编号	类型	细则
1	违法涉政	包括但不限于在短视频/直播中发表反党反政府的言论或做出侮辱诋毁党和国家的行为
2	违规广告	包括但不限于出售假冒伪劣和违禁商品
3	色情低俗	包括但不限于一切色情、大尺度、带有性暗示的内容
4	衣着不当	包括但不限于衣着暴露、裸露上身、大面积裸露文身等行为
5	辱骂挑衅	包括但不限于各种破坏社区氛围的言行
6	封建迷信	包括但不限于宣传封建迷信思想
7	侵权行为	包括但不限于拍摄/直播没有转播权的现场活动
8	其他行为	包括但不限于拍摄/直播打架斗殴、交通事故等现场

短视频/直播电商运营过程中需要规范用词行文，尽可能规避以下违规词类。

（1）不文明语言。在短视频/直播中禁止出现具有各种侮辱性的词汇，如我靠等。

（2）欺骗用户的词语。在短视频/直播中涉及营销话术时，禁止出现恶意宣传和不切实际的宣传话术，如全民免单、点击有惊喜、免费领取、绝对获奖等。

（3）色情、淫秽、暴力的词语。在短视频/直播中禁止出现与色情、淫乱等相关的文字和画面，禁止出现杀戮、打、砸、抢、烧等宣扬武力的相关文字和画面。

（4）赌博、迷信的词语。在短视频/直播中禁止使用诸如预测未来、算命、改命换运、逢凶化吉等词汇。

（5）民族、种族、性别歧视用词。在短视频/直播中禁止出现民族、种族、性别歧视行为，直播话术中不能含有蛮夷、男尊女卑、重男轻女等词汇。

（6）医疗用语。非医疗类用品认证账号禁止使用专业医疗用语来宣传普通商品的功效，具体如表1-2所示。

表1-2 普通商品禁用医疗用语类目

编号	普通商品禁用医疗用语类目
1	减肥、减脂、清热解毒、治疗、除菌、杀菌、灭菌、防菌、排毒
2	细胞再生、免疫力、疤痕、关节痛、冻疮、冻伤、药物、中草药
3	激素、抗生素、雌性激素、雄性激素、荷尔蒙
4	刀伤、烧伤、烫伤、皮肤感染、感冒、头痛、腹痛、便秘、哮喘、消化不良等疾病名称或症状
5	牛皮癣、脚气、丘疹、脓疱、体癣、头癣、脚癣、花斑癣
6	调整内分泌平衡、增强或提高免疫力、助眠、失眠、壮阳
7	防敏、舒敏、缓敏、脱敏、改善敏感肌肤、改善过敏现象、降低肌肤敏感度
8	消炎、促进新陈代谢、优化细胞结构、修复受损肌肤、治愈（治愈系除外）、抗炎、活血、解毒
9	镇定、镇静、理气、行气、活血、生肌、补血、安神、养脑、益气、通脉
10	毛发再生、生黑发、止脱、生发止脱、脂溢性脱发、病变性脱发、毛囊激活
11	去风湿、降血压、降三高、胃胀蠕动、利尿、驱寒解毒、延缓更年期、补肾
12	除湿、治疗腋臭、治疗体臭、治疗阴臭
13	美容治疗、消除斑点、无斑、治疗斑秃、逐层减退多种色斑、妊娠纹
14	防癌、抗癌

温馨提示

　　在短视频和直播运营时除了以上违规、违禁用词，还要尽可能规避在A平台上发布的内容中提及B平台的名称。如在抖音直播时不要使用淘宝、京东、快手、小红书、拼多多等其他平台名词。

1.2.5 ▶ 直播的几种变现形式

　　经过多年的发展，直播已经形成了清晰的商业变现模式，呈多元化趋势。但总的来说主要为两大类别，分别是产品销售变现和广告变现，这两种模式又细分为以下4类。

❶ 直播带货

　　直播带货是指直播内容以介绍和销售商品为主。通过引导直播观众下单付款来实现收益，就是常说的直播电商。直播带货是目前直播领域最为常见的一种变现模式，分为达人带货、店铺直播、品牌自播等几种类型。

大师点拨

达人带货是指商家或品牌商邀请明星或网红进行直播销售的行为，邀请方需要向被邀请方支付坑位费和销售分佣。其中，坑位费是固定费用，根据明星和网红的影响力大小来设定对应费用，也可以理解为"出场费"。销售分佣则是对销售金额进行提成奖励。

店铺直播和品牌自播，是指商家或品牌方自行创建直播间，由自己的店铺工作人员或品牌代表主持直播带货。这种模式相对于邀请第三方主播或达人合作进行带货的模式，更加直接、灵活和自主。

② 直播打赏

直播打赏是娱乐主播最核心的收入来源，是指观众在观看直播时因主播的精彩表演而赠送礼物的一种行为，如图1-7所示。主播收到礼物后可按照礼物的价值进行提现，但其中一部分会被直播平台扣除作为佣金。

③ 广告变现

这种变现模式是指品牌方支付酬金邀请主播在直播时宣传品牌，品牌方借助主播的影响力增加品牌的传播性。这种品牌不仅仅包括实物商品，也包括虚拟商品、影视作品等，比如，宣传即将上映的电影、游戏、App、实体店铺等，如图1-8所示。

④ 知识付费

知识付费也是直播带货的一种，但区别于常规的直播带货，其面对的观众数量略少，其销售的商品主要是各类课程或垂直领域的行业知识，比如，一对一和一对多的网络课程、线上行业沙龙等。另外，通过知识分享

图1-7　直播打赏

引导粉丝购买相关书籍也属于一种知识付费类型，比如，著名的知识博主"××读书"，经常使用这种模式给粉丝推荐书籍，如图1-9所示。

图1-8 短视频植入广告

图1-9 短视频知识付费

 ## 1.3 短视频的流量价值与特点

互联网营销的所有行为都是围绕"流量"二字进行。对于短视频赛道，内容是否能获取高流量的传播是考核内容质量的唯一标准。那么，什么是"流量"呢?

1.3.1 ▶ 流量的价值

"流量"本来是指在单位时间内流经管道有效截面的流体量，比如，河道水流量、交通流量。但在互联网和商业营销中，流量指的是在单位时间内商品的传播能力、店面门口路过的人数、访问网站、浏览内容、关注账号的用户人数。

流量的价值取决于获取流量的成本和流量的消费能力两点。流量会随着供需关系的变化产生位移。当供大于求时，获取流量的成本将增加，当成本大于利润时，商家会主动退出这个流量池，寻找新的流量来源。商家离开后，原有流量池会逐渐失去价值。这也是为什么曾经很多火爆的互联网产品逐渐消失在人们视野中的原因。

如果我们把一座城市看作一个流量池，就不难理解为什么大城市人口越来越多，小城市人口越来越少了。这种现象也称为"马太效应"（是指在某一领域中已经占有优势的人或机构，由于其优势地位，会更容易获得更多的机会和资源，从而进一步扩大其优势地位的现象）。

大师点拨

马太效应是一种强者愈强、弱者愈弱的现象，广泛应用于社会心理学、教育、金融等领域。

流量池是将流量数值划分为多个等级，比如，千万级人口的大型城市就是一个千万级的流量池。而一个短视频平台拥有的用户数量就是这个短视频平台的流量池。

1.3.2 ▶ 短视频时代的流量特点

移动互联网对各行各业的渗透催生了信息碎片化，短视频就十分吻合信息碎片化的用户消费需求。随着对信息的需求产生变化，人们已经很难去阅读一篇20页的文章、精读一本小说，甚至完整地看一部电视连续剧的人也越来越少。取而代之的是各种短视频、内容摘要、影视剪辑等。这些内容都符合了当下流量对内容的基本需求，即快、短、灵。

"快"是指传播速度快，也指流量来得快也去得快。"短"是指内容简短精练，方便浏览阅读。"灵"是指多样化，信息形式丰富多样。只要能满足快、短、灵特点的内容形式，几乎都能符合用户需求。这种现象称为"信息快餐化"。

通过数据挖掘与分析，我们发现短视频时代的流量普遍具有以下特点。

❶ 年轻化

短视频时代的流量以年轻人为主，主要是90后和00后，这些年轻人在社交媒体和短视频平台上花费的时间非常长，且更容易接受新鲜事物和个性化产品。

❷ 用户黏性高

短视频直播平台和社交媒体平台对用户的黏性非常高，用户可以随时随地观看和参与互动活动，产生强烈的参与感和归属感。

3 内容短平快

短视频时代的流量更加偏向于短平快的内容，一般不超过5分钟，且以轻松幽默、有趣好玩、实用有用为主。

4 用户参与度高

短视频时代的流量具有较高的用户参与度，观众可以通过直播评论、送礼物、点赞等互动形式，与主播进行实时互动和交流。

5 消费转化率高

短视频时代的流量对于消费转化率非常敏感，观众可以在直播过程中直接购买商品，商家可以通过直播数据和用户反馈及时调整直播策略和产品结构，从而提高销售额和用户满意度。

总之，短视频时代的流量对于商家和品牌来说，具有很大的营销和品牌推广价值，可以帮助他们快速扩大影响力和销售规模。

1.3.3 公域流量与私域流量

公域流量与私域流量是互联网营销中的两个重要概念。

公域流量是指从互联网公共平台获取的流量，例如，搜索引擎、社交媒体、短视频、直播等。公域流量的特点是覆盖面广、流量规模大、获取成本低，但是由于用户黏性较差，转化率相对较低。此外，公域流量难以控制，因此难以建立品牌忠诚度和稳定的客户关系。

公域流量需在平台允许的范围内与流量进行互动，受平台规则限制。比如，在抖音直播时多次提到淘宝，账号会受到抖音平台的限流。大家常用的淘宝、天猫、京东、拼多多、小红书、抖音、今日头条、快手都属于公域流量平台。再比如，一个大型商场也属于一种公域流量池，其中的商家在获取商场流量的同时也受商场经营规则的限制。

私域流量是指从品牌自有的网站、App、微信公众号、小程序等自有平台获取的流量。私域流量的特点是用户认知度高、转化率相对较高、用户黏性较强。品牌可以通过建立用户档案，精准地进行推荐和服务，来提高用户满意度和忠诚度。此外，私域流量也具有较高的控制力，品牌可以自由地进行营销推广和管理。私域流量通常不允许其他个体或企业获取其中的流量，我们常用的QQ群、微信好友、朋友圈等就属于私域流量。

公域流量和私域流量在互联网营销中都有其独特的作用，企业或个人可以根据自身的营销目标和业务需求，综合考虑两者的优缺点，合理分配资源和投入，实现营销效果的最大化。

课堂问答

通过本章的学习，读者对什么是短视频有了一定的了解，下面列出一些常见的问题供学习参考。

问题1：短视频与长视频的差别是什么？

答：短视频相比长视频有着以下差别。

（1）短视频制作成本较低。与长视频相比，短视频在拍摄设备、剪辑制作、参与人员、投入时间等方面都有明显降低。所以，短视频是一种门槛较低的视频呈现形式。

（2）短视频内容虽然也需要具备完整性，但受时长限制，其内容深度相比长视频较差。所以，短视频更适合展现新闻、资讯、娱乐等内容。

（3）两者的消费场景有所差异。短视频可以在任何地方或时间进行，比如，工作的间歇期、等公交车、坐电梯等零散时间。而长视频则需要一个相对稳定的环境且充裕的时间段进行观看、学习。

（4）两者在内容载体上也有所差别，虽然长视频也能在手机端进行观看，但观影效果远差于电影院、电视机等。短视频则主要是在手机端观看。

问题2：什么是私域流量？

答：私域流量是指从品牌自有的网站、App、微信公众号、小程序等自有平台获取的流量。私域流量的特点是用户认知度高、转化率相对较高、用户黏性较强。品牌可以通过建立用户档案，精准地进行推荐和服务，来提高用户满意度和忠诚度。

问题3：短视频与直播具有什么关系？

答：短视频和直播是目前互联网最为流行的内容形式，两者具有平台共生关系和营销互补关系。

知识能力测试

本章讲解了短视频的历史与发展，为了对知识进行巩固和考核，请读者完成以下练习题。

一、填空题

1. _____的广泛应用使短视频更加精准地推荐给用户。

2. _____时代是指数字技术、网络技术、传输技术的大量应用，大大提高了用户_____的能力 。

3. 直播电商起源于2016年，是一种将_____与_____相融合的电商模式。

4. 流量的价值取决于_____和_____两点。

二、判断题

1. 短视频时代需要内容满足快、短、灵的基本需求。 （   ）

2. 短视频带货属于一种直播变现模式。 （   ）

3. 公域流量是指从互联网公共平台获取的流量，例如，搜索引擎、社交媒体、短视频、直播等。 （   ）

三、选择题

1.（   ）是指个人或中小企业拥有的流量池，且不允许其他个体或企业获取其中的流量。

    A. 私域流量　　　　　　　　　B. 公域流量

    C. 个人流量　　　　　　　　　D. 泛流量

2. 马太效应是一种强者愈强、（   ）的现象。

    A. 强者平均　　　　　　　　　B. 弱者也强

    C. 弱者愈弱　　　　　　　　　D. 强者帮扶

3. 视频和直播就如同一对"伴侣"，其中短视频更适合（   ）。

A. 消费转化   B. 浏览观看

C. 控制成本   D. 宣传推广

4. 短视频时代的流量具有（　　　　）、用户黏性高、内容短平快、用户参与度高和消费转化率高等特点。

A. 女性化   B. 中性化

C. 年轻化   D. 老龄化

第 2 章

了解各大短视频平台及其流量特性

　　短视频经过多年的发展,从早期的百家争鸣,到后期的优胜劣汰。时至今日,剩下的几大短视频平台都是日活跃用户数过亿的现象级平台。其中,最具代表性的短视频平台有抖音、快手、视频号、bilibili、小红书等。虽然同为短视频平台,但却各自有着不同的特点,在用户规模、用户特性、内容方向、变现方式上都有明显差异。内容创作者选择适合自身特点的短视频平台,才能拥有一个良好的开端。本章将带领读者熟悉各大短视频平台的特点,帮助读者选择适合自身发展的短视频平台。

学习目标

- 💧 了解抖音的特点
- 💧 了解快手的特点
- 💧 了解视频号的特点
- 💧 了解bilibili、小红书的特点
- 💧 了解各大平台的流量特性
- 💧 掌握选择短视频平台的技巧

2.1 抖音

提及短视频平台，就不得不提到抖音，图2-1所示为抖音App的Logo，图2-2所示为打开抖音的推荐内容界面。抖音平台的注册用户数远远超过其他平台，可谓一家独大。抖音不仅在国内深受用户喜爱，抖音海外版TikTok也成为境外最大的短视频平台。其推出的AI智能匹配机制不仅赢得了海内外用户的喜爱，也使其他社交平台竞相模仿。其中，海外头部社交平台Twitter和Facebook也不断模仿和尝试超越抖音，但始终不能撼动抖音在短视频社交领域中的头部地位。

图2-1　抖音Logo

然后我背后这么多的蔬菜

🫧 成都市

鱼菜共生收入有保证！#乡村守护人
#来抖音学农技

首页　朋友　➕　消息　我

图2-2　抖音主界面

温馨提示

　　Twitter中文名为"推特"，于2006年正式上线，是一个社交网络和微博客服务平台，同时也是全球十大访问量网站之一。2015年的中央电视台春节联欢晚会通过Twitter进行境外直播。

　　Facebook中文名为"脸书"，于2004年上线，是全球领先的照片分享平台，全球用户数超10亿。

2.1.1 ▶ 抖音的特点

抖音是由字节跳动公司于2016年推出的一款短视频App，到2022年，抖音活跃用户数超8亿，电商规模达8000亿元。字节跳动公司打造了一个以抖音、今日头条、西瓜视频、火山小视频、番茄阅读为主的内容平台矩阵。抖音是目前国内用户数最多、活跃数最高的短视频平台。

抖音并非短视频领域的先行者，但在如此激烈的竞争中能够做到后来者居上，全依靠抖音的两大核心功能。

1 沉浸式界面

沉浸式界面以往多用于游戏画面的设计。抖音率先推出App首页取消短视频内容聚合页，让内容直接霸屏。用户登录抖音后直接就看到系统推荐的单个短视频内容，整个界面没有让用户进行选择的空间。而用户对系统推荐的内容是否喜欢，体现在其观看视频时长、点赞、评论和转发等互动行为上。如果用户不喜欢推荐的短视频内容，只需要向上滑动。此时系统将再为用户推荐其他的短视频内容。

抖音的沉浸式界面可以让用户更加专注地观看视频，减少了外部的干扰。同时，这种界面还能够让用户更好地享受视频带来的乐趣和情感。沉浸式界面还可以让用户更加容易沉浸在抖音的内容中，有效控制用户的选择成本，降低选择时间，大大提高用户在平台的停留时长，从而提高用户的留存率。这也意味着用户更有可能在抖音上花费更多的时间，观看更多的视频。

另外，由于沉浸式界面可以让用户更加专注地观看视频，所以这种界面也可以提高广告的效果。沉浸式界面的广告更容易吸引用户的注意力，从而提高广告的点击率和转化率。

综上所述，抖音沉浸式界面具有更好的用户体验、更高的用户留存率和更好的广告投放效果等优势。

大师点拨

占领用户时间的长短，是一项互联网产品最为核心的用户行为指标。所有人一天都只有24个小时，用户在一款App上停留的时间越长，就意味着越喜欢这款App产品，对其的依赖性也越大。同时由于时间被抢占，用户去使用其他同类App的时间就越少。按照"马太效应"强者愈强、弱者愈弱的理论，占领用户时长较短的App就会逐渐被市场淘汰。

❷ AI智能匹配机制

抖音通过为用户和内容打标签的方式，将相同标签的内容推送给对应的用户，使用户在刷视频的过程中看到的始终都是自己感兴趣的内容。充分利用用户对自己喜欢的事物容易"上瘾"的人性弱点，让用户长时间停留在抖音平台。后面的章节中我们将详细为读者讲解AI智能匹配机制让用户"上瘾"的工作原理。

温馨提示

目前各大短视频平台均使用AI智能匹配机制为用户推荐内容。但抖音作为最早使用这一技术的平台，利用先发优势迅速积累了海量用户，成为目前国内用户数量最大的短视频平台。

另外，沉浸式界面与AI智能匹配机制相结合，使个性化推荐的准确性大大提高。智能匹配机制可以根据用户的兴趣、喜好和行为习惯，推荐最符合用户需求的内容。而沉浸式界面可以让用户更加专注地观看视频，从而让用户更容易沉浸在他们感兴趣的内容中。

同时用户的留存率和活跃度也明显提升。因为沉浸式界面可以让用户更加容易地沉浸在抖音的内容中，而智能匹配机制可以让用户更容易找到感兴趣的视频并持续观看，从而进一步提高用户的留存率和活跃度。

AI智能匹配机制可以根据用户的兴趣和需求推荐最适合的广告，而沉浸式界面可以让用户更加专注地观看广告。结合沉浸式界面和智能匹配机制，可以提高广告的效果和转化率。

2.1.2 ▶ 抖音的流量特性

抖音通过多年的发展与积累，拥有海量知识付费、店铺直播、达人带货、短视频带货、娱乐消遣的创作者和消费者。抖音作为短视频内容创业的首选平台，具有七大特性。

❶ 流量大

超过8亿的活跃用户和每日超4亿的活跃用户，让每条短视频内容更容易被更多用户浏览。如此巨大的公域流量池自然也就成为各类商业宣传的重要阵地。

❷ 免费流量大

时至今日，虽然抖音已经没有完全免费的流量，但由于推送机制和兴趣电商的底层逻辑，内容创业者只需要投入少量的成本进行内容推广，就可以获得海量的推荐流量。这样的流量成本单价在竞争如此激烈的当下已经非常便宜了。传统的搜索电商基本是竞价流量，每个流量都需要付费，且成本巨大，比如，淘宝、天猫、京东等。

③ 流量分配公平

抖音的AI智能推荐机制完全摆脱了人为推荐的主观性和随机性。系统通过多维度对内容进行评估，只有创作者的内容足够出色，才会把内容推荐给相同标签的目标用户。后面的章节中我们会为读者详细讲解AI系统对内容进行评估的机制。如果用户长期不登录，系统所推荐的视频是互动数据在几十万甚至数百万的内容，随着用户使用App的频率增加，推荐的视频的互动数据会降低。

④ 用户年龄分布广泛

抖音的用户年龄分布广泛，不仅包括年轻人，也包括中年人和老年人。这也使抖音成为一个适合各种品牌推广的平台。

⑤ 用户地域分布广泛

抖音的用户不仅分布在大城市，也分布在二、三线城市和农村地区。这也让抖音成为一个覆盖面广泛的平台。

⑥ 传播速度快

海量的用户数和智能推荐机制，使得在抖音平台上发布的优质短视频内容能够迅速传播。

⑦ 流量变现

抖音将短视频、直播、电商进行融合，同时打通供应链各个环节，让内容变现形式更加丰富。结合平台拥有的海量用户数，使得抖音成为内容电商的主战场。

2.2 快手

快手作为较早出现的现象级短视频平台，Logo如图2-3所示，主界面如图2-4所示。在很长一段时间内，快手做到了与抖音分庭抗礼的行业地位。

图2-3 快手Logo

图 2-4　快手主界面

2.2.1 ▶ 快手的特点

　　快手是一款用视频记录生活的短视频直播平台，最初是一款用来制作、分享GIF图片的手机应用。2012年11月，快手从工具应用转型为短视频社区，并取得了骄人成绩，2022年第一季度平均月活跃用户数破5亿。相比抖音，快手中的内容更加草根。早期快手主要以普通草根阶层记录和分享生活的短视频内容为主，但目前已经发展成为一个内容多元化的短视频平台，也成为内容创业者搭建短视频矩阵的重要平台。

　　快手具有以下特点。

1　短视频内容丰富

　　快手平台上的视频内容涵盖了各种各样的主题，包括搞笑、美食、旅游、生活、时尚、音乐等。这使得快手成为一个让用户能够轻松找到自己感兴趣的内容的平台。

2 **提供视频制作工具**

快手是最早为用户提供短视频制作工具的短视频平台，用户可以轻松地制作自己的短视频。此外，快手还提供了一些视频模板，用户可以根据自己的需要进行选择和编辑。

3 **短视频播放速度快**

快手平台优化了视频加载和播放的速度，使用户可以更快地观看视频。这也让用户可以更快地浏览更多的视频内容。

4 **社交元素强**

快手平台内置了社交元素，用户可以与其他用户互动，包括点赞、评论、分享等。这使得快手成为一个让用户能够与其他用户建立联系和交流的平台。

5 **个性化推荐**

快手使用机器学习和人工智能技术进行内容推荐，根据用户的喜好和行为，向用户推荐他们感兴趣的内容。这也使得快手成为一个可以让用户找到更多自己喜欢的内容的平台。

大师点拨

短视频矩阵是指在不同短视频平台或同一短视频平台上运营多个不同账号。把各账号进行关联，实现多平台、多账号同步发展，降低单一账号运营风险，从而获得更多的内容展示机会，获取更多粉丝。

2.2.2 ▶ 快手的流量特性

在很多短视频运营者的眼中，快手与抖音极为相似。除了用户规模和部分界面细节有所差异，其他几乎看不出区别。其实快手的用户属性与抖音的用户属性还是有一定区别的，也就是说，快手平台的流量特性与抖音不同。

在内容分发上，快手和抖音也有一定区别。快手流量的分发更为平均化，系统推荐的内容互动数据多在1万到10万之间，这并不是因为快手用户基数较少，而是底层流量分配逻辑不同。也就是说，短视频内容创作者更容易在快手平台上获得较多的初始流量，这就是我们常说的快手平台对短视频新手更加友好。

大师点拨

在很多短视频内容运营者中，流传着这样一句话："快手相对于抖音，对新手内容创作者更加友好。"但在笔者看来，内容本身的质量才是竞争流量的核心所在。至于不同的平台则各有各的优势，有的平台天花板更高，有的平台门槛更低。

快手用户明显呈下沉趋势，直白点说，就是快手的用户来自三、四线城市的比例相比抖音更大，当然这并不意味着快手放弃了一、二线城市市场。除此之外，快手更加重视"人"的因素，而抖音内容更具深度，更加强调内容本身的质量。由此可见，快手与抖音存在着明显的差异化竞争。但对于流量运营，快手也拥有一套完整的逻辑，如图2-5所示。

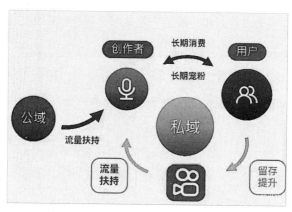

图2-5　快手流量逻辑（摘自快手学苑）

从图2-5中可以看出，快手在流量扶持和私域流量运营上更具优势。

温馨提示

快手学苑是快手官方推出的一站式培训和认证平台，覆盖短视频、直播、直播电商、内容营销等方向。旨在以专业系统的课程，帮助内容创作者和各类机构更好地学习、运营快手短视频。

 ## 2.3 视频号

视频号是由腾讯于2020年推出的一款短视频和直播平台，Logo如图2-6所示，主界面如图2-7所示。

视频号不同于订阅号和服务号，是一个全新的内容创作平台。视频号起步晚于抖音、快手和其他主流短视频平台，但截至2022年第一季度，其日活跃用户数已突破4亿，一跃成为头部短视频平台。

图2-7　视频号主界面

 视频号

图2-6　视频号Logo

2.3.1 ▶ 视频号的特点

视频号作为微信的一个重要功能，内嵌在微信中，并无单独的App作为载体。用户可以通过微信的"发现"功能进入视频号，如图2-8所示。视频号并不是腾讯推出的第一款短视频平台，在视频号之前腾讯推出过以"微视"为代表的一系列短视频平台，但始终不温不火，并未成为主流的短视频平台。而视频号以微信作为载体，直接把微信的10亿用户变为视频号用户，再借助微信强大的社交、传播功能，迅速让视频号成为现象级的短视频平台。由于微信本身就是分享经济和私域流量的重要载体，所以视频号在私域流量运营领域具有较大优势。

图2-8　视频号入口

综上所述，视频号具有的优势如下。

① 庞大的用户基数

微信有超10亿的用户，可以为视频号带来庞大的用户流量和曝光机会。

② 超高的融合性

视频号可轻松地与微信公众号、小程序进行对接，可将内容与服务进行无缝对接，更便于内容创作者开展运营工作。

③ 超强的社交属性

我们已经知道，微信作为一款即时通信软件，拥有超10亿用户，视频号作为微信的一大功能，自然也就拥有了微信的强大社交能力。

④ 私域流量运营的主战场

微信本身就是私域流量运营的核心阵地。"微商"作为私域流量运营的代表，就是依赖微信强大的社交功能与朋友圈，成为前些年风靡一时的营销模式。随着视频号的上线，它与微信群、朋友圈、小程序、微信公众号共同形成了私域流量运营的完美闭环。其在用户留存、用户活跃、用户激活、营销复购等领域中，相比其他短视频平台具有明显优势。

大师点拨

　　把微信小程序、公众号、朋友圈、视频号进行结合是当前较为主流的一种私域流量运营的方式。其中，朋友圈的主要作用是通过高频次发布提醒用户，视频号主要起到拉新、传播的作用，公众号主要用于唤醒用户和提供服务能力，而小程序则是主要的商业变现载体。如果能结合抖音、快手、淘宝等公域流量平台的运营，那么可以打造完善的公域转私域流量运营生态。

温馨提示

视频号的发展历程如下。

2020年1月，视频号开始小范围内测。

2020年6月，视频号进行大规模的优化，首页分为关注、好友点赞、热门与附近四个入口。

2022年1月24日，视频号上线首个付费直播间。

2022年7月18日，视频号原生广告正式上线。

2022年8月1日，视频号开放个人直播专栏。

2.3.2 ▶ 视频号的流量特性

抖音和快手虽然在流量推送上有一定差别，但本质上都是兴趣与内容匹配的推荐逻辑。即通过分析用户的观看数据，得出用户的兴趣方向，然后不断地给用户推荐同类短视频内容。

而视频号在兴趣匹配的基础上增加了社交关系，即进入视频号后首先出现的是朋友点赞过的短视频内容，这也非常符合微信作为一款社交软件的功能定位。在整个流量推送机制中，前期视频号主要以朋友推荐内容为主，后期还是会以消费系统推荐内容为主，这种推送机制也为视频号的迅速崛起奠定了坚实基础。

另外，腾讯将视频号、公众号、朋友圈进行了关联，分别如图2-9和图2-10所示。视频号的个人主页也会出现在对应的公众号中。微信公众号一天只能发布一次，而视频号则不受限制，有效地解决了微信生态中内容发布频次受限的问题。视频号借助微信的强大社交功能结合企业微信，从长篇文章、碎片化图文到视频内容形成了一套强大的营销闭环。

图2-9 朋友圈与视频号

图2-10 朋友圈中的短视频

2.4 其他平台与选择思路

短视频平台虽然早已过了百家争鸣的时代，但在部分细分垂直领域仍然活跃着一些短视频平台。它们依靠专注于一个特定领域，不断积淀用户，在短视频平台寡头面前赢得了生存的一席之地。其中，极具代表性的就有bilibili和小红书。

另外，新浪微博虽然定位是微博客平台，但也开通了短视频功能。

温馨提示

　　除了以上介绍的平台，还有多个短视频平台被用户经常使用。其中，比较知名的有好看视频、新浪视频、全民小视频、秒拍、微视等。

　　目前主流的电商平台也开通了短视频功能，供电商经营者通过发布短视频宣传推广商品，如淘宝、天猫、拼多多、京东等。

　　短视频内容创作者在选择发布平台时，应尽可能地保证内容方向与平台垂直领域相吻合。比如，二次元内容在bilibili上进行发布就是一种不错的选择。

　　除此之外，还应该保证内容的受众群体与平台的用户画像相吻合。比如，美妆类型的内容在小红书上进行发布就是一种不错的选择。

2.4.1 ▶ bilibili

　　bilibili中文名"哔哩哔哩"，简称"B站"，Logo如图2-11所示，主界面如图2-12所示，它是一个以动漫、游戏为主的泛娱乐内容创作平台。经过十多年的发展，bilibili围绕用户、创作者和内容，构建了一个源源不断生产优质内容的生态系统，涵盖了7000多个兴趣圈层的多元化社区，深受年轻人的喜爱，并形成了一套完整的二次元产品和游戏的营销生态。

图2-11　bilibili Logo

图2-12　bilibili 主界面

综上所述，bilibili具有以下特点。

1 用户年轻化

bilibili的主要用户群体是年轻人，以1995年后出生的年轻人为主，他们对动漫、游戏、二次元文化等内容有着高度的兴趣。

2 独特的内容

bilibili主要以动画、游戏、音乐、舞蹈等领域的视频为主，其中包括许多用户自制的独特内容，如MAD（音乐动画）、UP主的翻唱和舞蹈等。

3 强调交互性

bilibili注重用户之间的互动，通过弹幕、评论、点赞等互动方式来提高用户黏性。弹幕是bilibili的一大特色，它允许用户在视频中发表实时评论，这增强了用户对内容的参与感和社交感。

4 社区氛围浓厚

bilibili形成了一种独特的社区氛围，通过UP主和粉丝之间的互动、共同追求喜欢的主题、互相分享创作等，形成了紧密的社交网络。

5 注重精品内容

bilibili平台上有大量优秀的原创内容，包括动画、游戏、音乐、影视等，还有各种二次创作、翻唱、漫画等。因此，bilibili成为许多青年文化爱好者的聚集地。

> **温馨提示**
>
> "UP主"是对在bilibili平台上发布原创或翻译视频、直播、文章等内容的创作者的一种称呼。UP主的称呼源于英语中的"Uploader"，意思是上传者或上传主。因为bilibili最初是一个以ACG（动画、漫画、游戏）为主题的视频弹幕网站，所以在这个网站上发布ACG相关内容的用户被称为UP主。随着bilibili平台的发展，UP主的范围也逐渐扩大到了各个领域，如音乐、影视、科技、美食等，这些领域也成为平台上活跃的内容创作领域。

2.4.2 ▶ 小红书

小红书是一个年轻人的生活方式平台和消费决策入口，Logo如图2-13所示，主界面如图2-14所示。用户通过图文、视频记录和分享生活方式，分享和推荐合适的商品好物。目前小红书用户数突破3亿，其中女性用户比例较高。小红书通过机器学习对海量信息和人进行精准、高效匹配。小红书旗下设有电商业务，小红书电商曾被《人民日报》评为代表中国消费科技产业的"中国品牌奖"。目前小红书已经成为商业内容营销的重要载体。

小红书作为一家以内容为导向的图文短视频平台，与其他短视频平台有着3点较大区别，具体如下。

图2-13　小红书Logo　　　图2-14　小红书主界面

① 用户女性化

小红书的用户以女性为主，这也决定了平台内容和产品的定位。小红书主要涉及的领域包括美妆、时尚、生活、美食等，这些都是女性用户比较关注的领域。

② 强调品质

小红书在产品选择上非常注重品质，力求为用户提供高品质的产品和服务。平台上的用户也往往对产品的品质有较高的要求，这也带动了很多优质品牌在小红书上的发展。

③ 强化KOL营销

小红书在成立初期就以分享精致生活为主导，注重KOL营销。平台上有很多受欢迎的网红和博主，他们的推荐和评价往往会对产品销售产生很大的影响。同时，小红书也通过提供商家营销工具和广告投放等方式吸引了更多的品牌入驻，可以说小红书是最早利用网红打造内容电商的典范。

2.4.3 ▶ 短视频平台的选择思路

作为一名短视频内容创作者，需要仔细了解每个平台的特点和政策，结合自己的内容和定位来选择适合自己的平台，并保持高频率的更新和交互，与观众保持良好的互动。在选择平台时需要考虑以下因素。

1 用户定位

不同的平台有着不同的用户群体和用户行为特点，需要根据自己的内容和定位来选择适合自己的平台。比如，抖音的用户主要是年轻人，适合发布搞笑、时尚等内容；而bilibili的用户主要是宅男宅女，适合发布动漫、游戏等内容。

2 竞争情况

选择平台时需要考虑该领域的竞争情况。如果某个平台上已经有很多同类型的内容，那么自己也许不容易脱颖而出。反之，如果某个平台上某个领域的内容较少，那么可能会有更多的机会。此外，也需要考虑自己与同行竞争的优势和劣势。

3 平台政策

不同的平台有着不同的政策和规定，需要仔细了解和遵守。例如，某些平台可能禁止发布一些类型的内容，或者限制某些行为，需要仔细阅读平台规则，以免被封禁或罚款。同时，也需要关注平台的更新和变化，及时调整自己的策略。

4 商业规划

商业规划是指内容创作者为了实现商业变现而制定的策略和计划。比如，创作者是餐饮行业的，就应该主要选择抖音平台，利用抖音成熟的本地生活服务功能为自己的餐饮店铺引流。如果创作者本身是"微商"，就应该以视频号为主，强化私域运营的能力。

大师点拨

本章花费较大篇幅介绍了目前市面上的主流短视频平台，希望读者能够了解各平台的特点，在制作和发布短视频内容时做到有的放矢，根据自身特点、商品特性和需求来选择平台。比如，商业形态以私域流量运营为主的内容创作者，就应该把重点放在视频号的打造和运营上。而对于需要寻找和触达更多目标用户的内容创作者，就应该以打造和运营抖音账号为主。对于主要以销售推广二次元动漫产品和潮玩的商家，就不能忽略bilibili。主打年轻女性的穿搭、美妆、旅游的商家，就应该重视小红书平台的价值。

不同平台同一账号主体赏析

　　如前文所讲，目前可供内容创作者选择的短视频平台较多，且各平台的规模、特点不尽相同，但其内容营销载体的本质没有任何变化。特别是几大主流平台动辄上亿的活跃用户数，使得各类商家趋之若鹜。俗话说"有流量的地方才有生意"，在这个"酒香也怕巷子深"的年代，如何选择内容发布平台就成为成败的关键。

　　内容营销经过多年的发展，已经形成了一套账号矩阵的运营模式，即在同一平台或不同平台上运营多个账号的模式，如图2-15、图2-16、图2-17和图2-18所示。

　　回力作为一个知名国产运动鞋品牌，在全网主流短视频平台均开设了账号，通过一系列账号矩阵运营和品牌运营，使回力品牌重回消费者视野。

图2-15　回力抖音账号

图2-16　回力快手账号

图2-17　回力bilibili账号

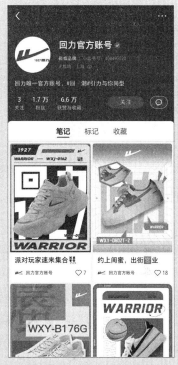

图2-18　回力小红书账号

课堂问答

通过本章的学习，读者对各大短视频平台的特点和流量特性有了一定的了解，下面列出一些常见的问题供学习参考。

问题1：抖音平台流量属于哪种类型？

答：抖音目前拥有近10亿用户，日活跃用户数高达数亿。同时抖音属于开放平台，允许商家在抖音和关联平台中对其用户进行商品销售和品牌宣传。所以，抖音流量属于公域流量。

问题2：视频号流量属于哪种类型？

答：视频号依托微信强大的社交功能进行用户拓展。虽然微信拥有高达10亿的用户数，但微信生态较为封闭，比如，朋友圈内容只能好友观看，公众号也只能被关注用户看到，并不能像抖音、快手一样进行智能推荐。即使视频号已经开始进行内容分发推荐，但目前第一触点仍然是好友点赞和好友推荐。所以，当前视频号流量更趋近于私域流量。

 知识能力测试

本章讲解了各大短视频平台的特点与流量特性，为了对知识进行巩固和考核，请读者完成以下练习题。

一、填空题

1. 抖音采用_____的界面设计，用户进入首页直接看到系统推荐的短视频内容。这种设计降低了用户的选择成本，增加了用户的_____。

2. 视频号目前日活跃用户数高达4亿，依托微信强大的_____，成为_____运营的重要载体。

3. 快手的用户与抖音的用户具有一定差别，其中_____用户比例更高。

4. 短视频创作者在进行平台选择时需要考虑_____、竞争情况、平台政策和_____等因素。

二、判断题

1. 视频号具有较强的私域流量运营特性。　　　　　　　　　（　　　）

2. bilibili涵盖了7000多个兴趣圈层的多元化社区，深受中老年人群的喜爱。
　　　　　　　　　　　　　　　　　　　　　　　　　　　（　　　）

3. 小红书主要涉及的领域包括美妆、时尚、生活、美食等，这些领域都是女性用户比较关注的领域。　　　　　　　　　　　　　　（　　　）

三、选择题

1. 下列哪一项不属于抖音流量的特性?（　　　）

A. 流量大　　　　　　　　　　　B. 分配公平

C. 私域性强　　　　　　　　　　D. 用户分布广泛

2. bilibili 中的内容以（　　　）和游戏居多，所以吸引了大量年轻用户。

　　A. 二次元　　　　　　　　　B. 军事

　　C. 美食　　　　　　　　　　D. 体育

3. 小红书中的（　　　）用户比例较大。

　　A. 老人　　　　　　　　　　B. 男性

　　C. 儿童　　　　　　　　　　D. 年轻女性

4. 字节跳动公司打造了一个以（　　　）、今日头条、西瓜视频、火山小视频、番茄阅读为主的内容平台矩阵。

　　A. 视频号　　　　　　　　　B. 小红书

　　C. 抖音　　　　　　　　　　D. 快手

第 ——— 章

熟知平台流量的推荐算法机制

虽然目前短视频平台众多，但各平台都不约而同地使用了 AI 智能推荐功能。智能推荐的广泛应用得益于大数据和人工智能技术的发展。短视频内容创作者要想让自己的内容拥有更多的流量，不断被推荐给目标用户群体，就要了解平台内容推荐算法的逻辑。本章将带领读者对智能推荐的底层逻辑一探究竟。

学习目标

- ◆ 了解什么是大数据和人工智能
- ◆ 了解直播间流量推荐机制
- ◆ 了解影响内容评分的不同维度

3.1 了解大数据与人工智能

大数据与人工智能都是当前热门的计算机技术，两者相辅相成，共同形成了一个以数据、算法、计算机学习为核心的新型技术应用。

当前各大短视频平台所使用的流量智能推荐，也是以大数据和人工智能技术为基础的。系统通过不断学习与分析用户的观看习惯，充分掌握用户的喜好，并把对应的短视频内容推荐给用户。

虽然大数据、人工智能技术远未达到高峰，仍然处在前期阶段，但大数据与人工智能技术已经在人们的生活中无处不在了。比如，新型智能汽车车机系统中的语言交互功能，就是人工智能应用的典型案例。

3.1.1 ▶ 什么是大数据

大数据（Big Data），IT行业术语，是指规模庞大、结构复杂、难以用常规软件工具进行捕捉、管理和处理的数据集合。大数据分析是指对这些数据进行收集、处理、分析和解释，以发现有效的模式、关联和趋势，从而为企业、组织或社会提供有价值的信息和洞察力。大数据分析的应用领域非常广泛，涵盖金融、医疗、交通、零售、电信、能源等多个行业。它可以帮助企业提高运营效率、降低成本、提升用户体验，还可以支持科学研究、政府决策、社会管理等方面的工作。

维克托·迈尔-舍恩伯格和肯尼思·库克耶写的《大数据时代》一书指出，大数据是指不用随机分析法（抽样调查）这样的捷径，而采用所有数据进行分析处理。大数据可以来自多个渠道和来源，如传感器、社交媒体、移动设备、互联网等。通过采集和分析大数据，人们可以了解用户行为、市场趋势、运营状况等，从而做出更明智的决策、改进业务流程和优化资源分配。大数据的特点主要有Volume（大量）、Velocity（高速）、Variety（多样）、Value（价值密度），我们常称之为大数据的4V特点。

> **温馨提示**
>
> 大数据是一个相对较新的概念，其发展历史可以追溯到20世纪末。20世纪90年代，随着互联网的兴起，越来越多的数据开始被数字化并保存在计算机中，但当时的数据量并不是很大，存储和处理也不太困难。

2000年左右，随着互联网的迅速发展，数据量开始急剧增加，数据类型和来源也变得更加复杂。这时，人们开始意识到数据管理和分析的重要性，逐渐出现了一些商业化的数据管理和分析工具，比如，数据仓库和商业智能软件等。

2005年左右，随着社交媒体、移动设备和物联网等技术的普及，数据量进一步爆发式增长，同时数据的多样性和复杂性也愈发明显。这时，大数据概念开始出现，一些技术公司和研究机构开始着手开发大数据处理技术和相关工具。

2010年左右，大数据技术进一步成熟，Hadoop、Spark等大数据处理平台相继问世，并受到广泛应用。同时，各行各业开始将大数据技术应用于业务中，如金融、医疗、零售等领域。

到了今天，大数据已经成为企业和政府必不可少的工具之一，可以用于数据分析、商业智能、机器学习、人工智能等多个领域。同时，随着人工智能技术的快速发展，大数据也成为人工智能的重要基础之一。

1 Volume（大量）

大数据集合通常由数十亿或数万亿条数据组成，数据量远远超过个人或传统企业的处理能力。

2 Velocity（高速）

处理大数据需要高速的数据收集、存储、处理和分析技术，以满足实时或准实时的需求。

3 Variety（多样）

大数据的类型有很多，包括结构化数据（如数据库和电子表格）、半结构化数据（如日志和XML文件）和非结构化数据（如文本和音频）等。

4 Value（价值密度）

大数据集合中的数据通常包含很多无用信息，需要通过数据挖掘和分析技术来识别有价值的信息。

> **大师点拨**
>
> 大数据的价值密度非常低，其中有价值的数据占比很小。比如，遍布整个城市的天网系统，每天生产海量数据，但只有在进行犯罪追踪、事故溯源等工作时，对应的数据才有价值。由于数据价值密度低，所以很多监控系统会定期删除历史数据。

大数据的出现，使我们能够收集、存储和分析更多的数据，并通过这些数据来发现隐藏的模式和趋势，以此制定更好的商业决策、提高产品质量、增强用户体验和帮助政府治理社会等。而短视频平台的大数据应用价值就属于前三种。

以商业领域为例，大数据在商业领域中的应用，可以帮助企业做出更好的商业决策。大数据可以帮助企业了解市场趋势、用户需求和产品性能，从而制定更准确、更高效的商业决策。例如，通过分析用户购买历史和行为数据，企业可以更好地了解用户需求，制定更有针对性的市场营销计划，提高销售额。

大数据还具备帮助企业提高产品质量的能力。通过大数据分析，企业可以了解产品使用情况、用户反馈和产品问题，从而更好地了解产品性能和质量，及时调整产品设计，提高产品质量和用户体验。

另外，大数据在增强用户体验和降低成本方面也有着显著作用。通过大数据分析用户行为和偏好，企业可以提供更加个性化的服务和体验，增强用户满意度和忠诚度，从而提高用户价值。通过大数据分析，企业可以更好地了解资源利用情况和业务流程，从而优化资源配置和业务流程，提高效率，降低成本。

3.1.2 ▶ 什么是人工智能

人工智能（Artificial Intelligence，AI）是以计算机科学为基础，由计算机、心理学、哲学等多学科交叉融合，研究、开发用于模拟、延伸和扩展人的智能的理论、方法、技术及应用系统的一门新的技术科学，它企图了解智能的实质，并生产出一种新的能以与人类智能相似的方式做出反应的智能机器。

人工智能的应用非常广泛，包括语音识别、图像识别、自然语言处理、智能客服、智能制造、自动驾驶、医疗诊断等领域。随着人工智能技术的不断发展和应用，它正在改变我们的生活和工作方式。

机器学习是实现人工智能的一种方法，是指让计算机通过大量数据和算法来学习和自我优化的技术，它可以帮助计算机完成预测、分类、聚类、回归等任务。自然语言处理是一种让计算机能够理解和处理自然语言（如英语、汉语等）的技术，它可以帮助计算机完成文本分析、语音识别、机器翻译等任务。计算机视觉是一种让计算机能够模拟人类视觉系统来理解和分析图像和视频的技术，它可以帮助计算机完成目标检测、图像识别、人脸识别等任务。机器人技术是一种让计算机控制机器人来执行各种任务的技术，它可以帮助机器人在不同环境下完成操作、移动、感知等任务。

3.1.3 ▶ 大数据与人工智能的关系

大数据和人工智能均是以计算机科学为基础，但大数据是人工智能的基础。如果我们把人工智能比喻成一个婴儿，那么大数据就是婴儿成长过程中的养分和知识。因为任何一种智能的发展都有一个学习成长的过程，而各类传感器和数据采集设备生产的海量数据，为人工智能的学习提供了条件。

总体来讲，大数据和人工智能之间的关系可以概括为以下几个方面。

1 数据源

人工智能的发展需要大量的数据来训练模型和算法，而大数据技术可以处理大规模的数据，为人工智能提供了数据源。

2 数据分析

大数据技术可以对海量数据进行分析和挖掘，提取有价值的信息和知识，而人工智能技术可以从这些信息和知识中进行学习和预测。

3 数据应用

人工智能技术可以将数据应用于各种场景，如语音识别、图像识别、自然语言处理等，从而提高人类生产和生活的效率和品质。

4 技术融合

大数据和人工智能技术之间的融合和交互可以带来更加强大的技术能力，如深度学习、机器学习、数据挖掘等，这些技术可以应用于智能制造、智慧城市、智能交通等领域，推动数字经济和科技创新的发展。

综上所述，大数据和人工智能是相互依存、相互促进的关系，它们的发展为我们带来了更多的机会和挑战，推动着数字经济和科技创新的快速发展。

3.2 掌握智能推荐算法的底层逻辑

短视频平台的内容智能推荐就是一种大数据与人工智能技术的应用案例。全网每天生产数亿的海量内容，如此庞大的数量，如何有效地将内容推荐给用户，这是一个内容分发的效率问题。只有将内容推荐给可能喜欢它的用户，才能产生效率价值，但完全推送给对应标签的用户肯定是不现实的。在短视频平台的系统中，每个账号和每条内容都只是数据而已，平台推出的内容评分机制，通过评分判断内容质量，优先将高评分内容推荐给用户，从而使优质内容获得更多流量。

3.2.1 ▶ 基础推荐机制

推荐算法的核心是将短视频内容和用户进行标签化、评分化。用户标签化是短视频平台通过用户日常的观看数据分析用户的喜好，从而为用户贴上对应标签。比如，小张经常观看美食制作视频，平台通过数据分析后就会为小张贴上美食爱好者的标签。

内容标签化是短视频平台通过分析内容所在领域或行业后，为内容贴上对应标签。当内容和用户都有了自己的标签后，只需将标签进行匹配，就能轻易而高效地将两者进行连接。

> **大师点拨**
>
> 短视频内容创作者在策划和制作内容时一定要明确方向，并在选定的赛道持续创作，才能有效地为自己的账号和内容贴上标签。切忌随便更换短视频风格和内容方向，这也是常说的"深耕垂直领域"。
>
> 短视频平台的流量推荐机制，本质上是一种"投其所好"地吸引用户的方法。创作者只有"深耕垂直领域"，才能更加精准地获得潜在粉丝。试想一下，内容创作者制作了一段时间的美食短视频，没有获得理想的粉丝数，就转而进行母婴类短视频创作，这种情况下短视频平台很难给该创作者的账号贴上标签，系统当然也就不知道把该创作者的内容推荐给谁。

用户匹配是一种为用户和内容贴标签和匹配标签的过程。如用户经常在平台观看创业、汽车、军事的内容，那么系统就会为该用户贴上喜欢观看创业、汽车、军事内容的标签。在这种情况下，即使用户账号没有填写性别和进行实名认证，系统也能自动判断该用户大概率为男性。同理，一个直播间如果讲解了育婴技巧和母婴商品，系统也会为该直播间贴上母婴类的标签，并将直播间推送给贴有母婴标签的用户。

当然仅仅依靠基础的用户匹配还不足以挖掘用户对内容的深度需求。为了对用户的属性、兴趣、事业方向进行"一网打尽"，短视频平台还采用了一种协同匹配的方法，也就是模仿相似标签用户喜好的一种推荐机制。比如，A用户的标签是美妆、轻食、甜品、旅游，B用户的标签是美妆、旅游、甜品。那么，平台会尝试把A用户喜欢的轻食相关内容推荐给B用户，从而拓展推荐范围和推荐能力。这一行为也称为"挖掘用户潜在标签"。

挖掘用户潜在标签是一种博概率的推荐机制。现实生活中，在两个人有两三个相同爱好的情况下，大概率他们还会有其他相同爱好或相同需求。

大师点拨

> 关于用户标签，系统除了分析用户的观看习惯，还会从用户在平台上的其他行为动作来判断用户的喜好。这些行为包括点赞行为、评论行为、分享转发行为、消费行为。

3.2.2 ▶ 什么是流量池

获得流量的多少是衡量每一个短视频账号和短视频内容的核心指标。短视频平台将流量按数量分为多个等级，称之为"流量池"，并根据内容质量把短视频分配到不同的流量池。短视频在流量池中获得播放量，而直播间在流量池中则获得观众人数。通常各大短视频平台将流量池分为初始流量池、基础流量池、热门流量池、爆款流量池等规格。流量池的具体划分如下。

图 3-1 初始流量池

1 初始流量池

流量一般在1000以下，也称为"百级流量池"，在这个等级流量池中的短视频通常获得400～1000的播放量，如图3-1所示。

温馨提示

> 短视频行业常说的"破播放"，就是指短视频的播放量突破了初始流量池的播放数限制。比如，在抖音平台上发布的短视频内容，播放量达到了5000，就是"破播放"成功。

2 基础流量池

流量一般在1000～1万，也称为"千级流量池"，在这个等级流量池中的短视频通常获得不超过1万的播放量，如图3-2所示。

❸ 待加热流量池

流量一般在1万～10万，也称为"万级流量池"，部分平台也将这个流量池拆分为1万～5万和5万～10万两个流量池。在这个等级流量池中的短视频通常获得1万～10万的播放量，如图3-3所示。

❹ 小热门流量池

流量一般在10万～50万，部分短视频平台将该流量池拆分为多个层级。

❺ 大热门流量池

流量一般在50万～100万，部分短视频平台将该流量池拆分为多个层级。

❻ 爆款流量池

流量一般在百万以上，优秀短视频可以在该流量池中获得数百万甚至超千万的播放量，如图3-4所示。

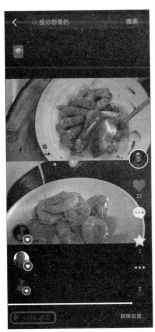  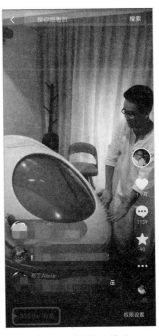

　　图3-2　基础流量池　　　　　图3-3　待加热流量池　　　　图3-4　爆款流量池

温馨提示

　　不同短视频平台的流量池划分有所差异，但基本逻辑相同。短视频创作者需要根据不同平台的规则制定不同的运营策略。

3.2.3 ▶ 内容评分机制

为了把优质短视频内容推荐给更多用户，避免劣质内容浪费平台流量，平台推出了对每条短视频内容进行评分的机制。整个评分机制分为系统机器人测评和人工测评两种。其中，人工测评主要是通过人工判断短视频内容有无系统未识别的低俗、违禁内容。比如，短视频中含有暴露镜头、不文明语言、法律禁止的内容，那么短视频将被限制推广。

系统机器人测评首先是判断短视频是否原创，如果是原创内容，系统将把该条短视频推荐到初始流量池。以抖音为例，就是为该条短视频推荐500以内的播放量。

大师点拨

系统判断短视频是否为原创又称为"查重"，是一种防止搬运其他创作者内容从而获利的机制。系统通过比对MD5码和视频内容重复率进行判断。MD5码是一种消息摘要算法，MD5算法对输入的任意长度的消息进行运行，产生一个128位的消息摘要。其具有不可逆的特点，相同短视频的MD5值一样，不同短视频的MD5值不一样。

当视频进入初始流量池后，系统就会开始为该条短视频进行多维度打分评测，得分优异的短视频会被推荐到下一个流量池。在下一个流量池中继续为短视频内容评测，优异者再推入下一个流量更大的流量池，以此类推，直至最高的流量池推荐。

这个评分不是一个隐藏数值，系统会根据评分的结果，筛选出一定比例排位靠前的视频，并且根据标签总用户数和标签短视频的比例进行推流。所以，在一些竞争激烈的热门标签赛道，要进入更高的流量池难度就更大，比如，美食制作、搞笑剧情等赛道，往往初入的创作者的流量会卡在初始流量池。这种内容评分机制是一种"赛马机制"，非常符合互联网的"黑暗森林法则"，优胜劣汰，强者愈强，弱者愈弱。

大师点拨

"黑暗森林法则"出自刘慈欣的科幻小说《三体》，是指宇宙就像一个黑暗的森林，存在于宇宙中的每个文明就像猎人。如果一个文明率先在宇宙中发现了另一个文明，那么它就会像猎人朝猎物开枪那样发起攻击，最终总有一个文明被消灭。黑暗森林法则表面上看是十分残酷的规则，但对于一个文明的发展有着一定的促进作用。这也是互联网行业中的各个领域只有前两三名的平台被用户使用的原因，而第二名与第一名之间又存在着指数级的差异。

这种内容评分机制主要是通过人工智能学习算法实现的，包括自然语言处理、图像识别、用户画像、社交网络分析等多个方面。具体来说，该机制可以分为以下几个步骤。

1 数据采集和预处理

短视频平台会收集大量的用户数据，包括用户的观看记录、点赞记录、评论记录、分享记录等，以及视频的内容、制作技巧、发布时间等信息。这些数据经过预处理和清洗后，可以用于训练人工智能学习模型。

2 特征提取

短视频平台将视频和用户的数据转化为计算机可以处理的数字特征，这些特征可以用于描述视频的内容、质量、用户兴趣等。例如，视频的特征可以包括画面清晰度、音频质量、时长、关键词等，用户的特征可以包括性别、年龄、地区、兴趣爱好等。

3 训练模型

短视频平台使用人工智能学习算法训练模型，用以预测用户是否会喜欢某个短视频。训练过程中，平台会使用大量的历史数据来训练模型，以帮助模型学习用户的兴趣和行为习惯。常见的机器学习算法包括神经网络、决策树、随机森林等。

4 评分和排序

短视频平台会根据模型预测结果，为每个视频评分，并将打分结果用于排序和推荐。评分结果是一个分数，表示视频对用户的吸引程度。根据分数高低，短视频平台会将视频按照一定的规则排序，推荐给用户。

需要注意的是，短视频平台的内容评分机制是一种动态的机制，会根据用户行为、视频内容、平台策略、短视频数量、近期热点等多个因素不断进行调整和优化。

3.2.4 ▶ 影响内容评分的六大要素

前面我们讲解了内容评分机制，那么这种机制是通过短视频的哪些维度来判断短视频的质量呢？通常影响评分的六大要素分别是观看时长、完播率、点赞量、评论量、收藏量、转发量。其中，后4种为互动数据。

1 观看时长

观看时长是指用户观看该短视频的总体时间，用户观看时间越长，代表内容越受用户喜欢。系统会计算该视频的全部观看者的平均观看时长，然后与同时段的同类型短视频进行比对。平均观看时长越长的短视频评分越高。

大师点拨

　　观看时长是所有评分指标中权重最高的一项指标。因为短视频平台也需要用户更多地使用和停留在平台上，所以短视频创作者在策划内容时应该多设置悬念，吸引用户更长时间地观看视频。

2 完播率

　　完播率是指完整观看视频的用户数与所有观看视频用户数的比值，完播率越高，说明短视频越受用户青睐。在实际内容评分中，短视频平台会把完播率分为5秒完播率、2秒跳出和全部完播率，并结合视频的总时长进行综合评分，各项完播率越高的短视频评分越高。

大师点拨

　　5秒完播率是一项非常重要的指标，它代表着在最开始能否吸引用户继续向下观看。所以，在短视频运营中经常把短视频的前5秒称为"黄金5秒"，更有甚者认为前3秒才是最为重要的。

　　2秒跳出率是抖音在2022年年底新加入的内容考核指标，是指观众观看2秒钟就结束观看的比例。2秒跳出率越低，就代表短视频的前两秒内容质量和吸引力越高。通常优秀的短视频内容2秒跳出率都在20%左右，甚至更低。

大师点拨

　　完播率、平均播放时长、2秒跳出率和5秒完播率共同构建了抖音对内容的基础评分机制，如图3-5所示。

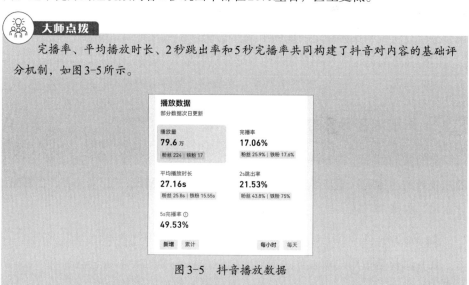

图3-5　抖音播放数据

3 点赞量

点赞量是指给该视频点赞的用户数量，如图3-6所示。它直观反映出短视频受到用户喜欢的程度，也代表了用户对内容的认同度。

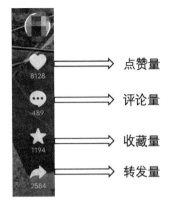

图3-6 互动数据

大师点拨

点赞量是最基础的直播互动，也是最核心的互动指标。系统在实际评分的过程中并不是点赞率越高就会做出内容优质的判断。系统会进行同类视频的点赞率对比，点赞率排名靠前的视频才会被推荐。注意此处提到的是点赞率，而非点赞量。

4 评论量

评论量是指用户参与该条短视频评论互动的数量。用户参与评论会有效增加视频的观看时长，所以在短视频制作时需要具有话题性和引导用户进行评论。同时评论量也是衡量一条短视频互动能力的重要指标。

5 收藏量

收藏量是指用户收藏该条短视频的数量。收藏量是短视频价值的最好体现，通常知识类的短视频收藏量较高。

6 转发量

转发量是指用户观看内容后进行转发的数量，转发量也是短视频价值的体现。转发量高，说明该条短视频具有较强的传播性，也代表着用户对内容的认同度高。

大师点拨

各短视频平台对转发行为的定义有所差异，但通常转发行为包括下载、转发、好友分享等。

课堂问答

通过本章的学习，读者对短视频平台的流量推荐算法机制有了一定的了解，下面列出一些常见的问题供学习参考。

问题1：人工智能与大数据有什么关系？

　　答：大数据是人工智能的基础。人工智能需要不断学习才能完善，最终应用于各类生产活动。而大数据就是人工智能的学习资料和相关知识。

问题2：什么是短视频基础推荐机制？

　　答：基础推荐机制是为用户贴上喜好标签，同时为每个短视频账号和每条短视频内容贴上行业领域标签，并将相同标签的短视频内容推荐给对应的用户。

问题3：请简单描述观看时长对于短视频的重要性。

　　答：短视频的观看时长是短视频评分机制中最为重要的参数指标，它代表着短视频内容受用户欢迎的程度。平均观看时长越长的短视频评分越高。

 知识能力测试

　　本章讲解了短视频平台的流量推荐算法机制，为了对知识进行巩固和考核，请读者完成以下练习题。

一、填空题

　　1. 大数据的4V特点：＿＿＿＿＿＿、＿＿＿＿＿＿、＿＿＿＿＿＿、＿＿＿＿＿＿。

　　2. 内容评分机制中的＿＿＿＿＿＿主要是通过人工判断短视频内容有无系统未识别的低俗、违禁内容。

　　3. 影响短视频内容评分的六要素分别是＿＿＿＿＿＿、＿＿＿＿＿＿、＿＿＿＿＿＿、评论量、收藏量、转发量。

二、判断题

　　1. 大数据的价值密度非常高，其中有价值的数据占比很大。　　　　　（　　）

　　2. 推荐算法的核心是将短视频内容和用户进行标签化、评分化。　　　（　　）

3. 短视频平台将流量按数量分为多个等级，称之为"流量池"。 （　　　）

三、选择题

1. 下列哪一项不属于短视频互动数据?（　　　）

　　A. 观看时长　　　　　　　　　　B. 点赞量

　　C. 转发量　　　　　　　　　　　D. 评论量

2. 完播率是指（　　　）视频的用户数与所有观看视频用户数的比值。

　　A. 5秒观看　　　　　　　　　　B. 完整观看

　　C. 观看时长　　　　　　　　　　D. 点赞

3. 通常各大短视频平台把初级流量池设定为（　　　）播放量。

　　A. 1万　　　　　　　　　　　　B. 5万～10万

　　C. 百万　　　　　　　　　　　　D. 1000以下

第 4 章

掌握短视频的拍摄技法

在短视频领域中，各大平台纷纷鼓励原创作品，并针对原创推出了一系列流量扶持计划。短视频本质上是把脚本文字进行图像化，借助画面来表达创作者的意图。而原创短视频作品大多需要进行拍摄创作，了解拍摄设备的使用方法和掌握拍摄技巧，能使短视频更加具有画面冲击力，吸引更多目标用户。本章将带领读者全面了解短视频的拍摄设备和学习短视频的拍摄技巧。

学习目标

◆ 了解各类短视频的拍摄设备　　　　　　◆ 掌握手机拍摄的参数设置方法

◆ 掌握拍摄取景与构图的方法　　　　　　◆ 了解拍摄场景搭建的基本思路

◆ 掌握拍摄中的基础运镜方法

4.1 短视频的拍摄设备

短视频的画面、声音质量取决于各类设备的性能。根据不同的拍摄要求，大致可分为室内场景拍摄和户外场景拍摄。不同场景对画面、声音质量有着不一样的要求。通常设备按功能可分为图像采集类、声音采集类、辅助软硬件类。

4.1.1 ▶ 图像采集设备

短视频的画面主要依靠各类图像采集设备，它直接决定了画面的质量。短视频在上传平台时会被压缩，这样做主要是为了保证用户观看的流畅性和节约网络流量。试想一下，如果观看一条短视频需要消耗用户数百兆或数千兆的手机流量，那么用户的观看成本会大大增加。消耗如此大的手机流量，显然不利于短视频的传播，所以短视频平台会将用户上传的短视频进行压缩，以降低用户在观看时的流量消耗，但这种压缩文件的做法会牺牲一定的画面质量。

短视频创作者如果希望获得在压缩后仍然清晰的画面质量，就必须保证拍摄的原始视频具有极高的画质，所以如何选择图像采集设备就至关重要。

> **大师点拨**
>
> 在拍摄剪辑时应选择1080P或4K的画质，这样即使画面被平台压缩，也仍然有很高的清晰度。如果原始素材的画面质量不高，后期的剪辑制作虽然能进行一定弥补，但并不能在实质上提高画面质量。
>
> 另外，还有一个至关重要的参数，就是视频的"帧数"，帧数是指设备每秒钟可以拍摄的画面数。帧数越高，画面的流畅度越高，特别是在拍摄快速运动或变换场景的情况下，高帧率可以保证画面的清晰度和连续性。通常在拍摄短视频时应该选择每秒60帧的参数设置。

目前在拍摄短视频时，常用的图像采集设备主要包括智能手机、单反相机、卡片式相机和专业摄像机。

1 智能手机

智能手机是最常见的短视频拍摄设备，如图4-1所示。在拍摄时其优缺点明显，优点主要是方便快捷，随时随地可以拍摄，不需要专业的设备和技能；便于分享，可以直接将拍摄的视频分享到社交媒体平台，快速传播信息和生活；节省成本，不需要额外的设备和费用，利用手机就可以完成拍摄和编辑。

用智能手机拍摄短视频的缺点主要是画质和稳定性有限；画面虚化效果差、画面捕捉速度延迟、广角画面质量下降明显、深景效果较差。

❷ 单反相机

单反相机是一种准专业级的图像采集设备，如图4-2所示。单反相机是目前优质短视频内容生产者的主流选择。其优点主要体现在：高品质成像效果，单反相机通常配备有高像素的传感器和高质量的镜头，可以拍摄出极高画质的视频；画面稳定性强，单反相机支持安装稳定器，可以大大减少手持拍摄时的抖动和晃动，保证画面稳定；专业性强，单反相机具有多种设置和参数调节，可以根据需要调整曝光、焦距、色彩等参数，满足专业拍摄需求。

图4-1　智能手机

图4-2　单反相机

单反相机拍摄短视频也有一些缺点，具体表现为单反相机的体积和重量都比较大，不太方便携带和移动；单反相机的操作和使用相对比较复杂，需要一定的技巧和经验；价格昂贵，优质的单反相机通常售价数万元。

❸ 卡片式相机

卡片式相机是一种小型、轻便、易于携带的数码相机，如图4-3所示。卡片式相机的性能介于智能手机和单反相机之间。与单反相机等大型相机不同，卡片式相机通常只有手掌大小，便于携带和使用。它们通常拥有一个非常小的镜头，固定焦距，因此不需要更换镜头。相对于单反相机等大型相机，卡片式相机的功能比较简单，使用相对较容易，拍摄画面质量次于单反相机，但在虚化效果、快门响应速度、变焦效果等方面大大优于智能手机。其兼具了智能手机的轻便和单反相机的拍摄效果。

4 **专业摄像机**

这是一种专业级的图像采集设备，如图4-4所示，广泛应用于新闻行业和影视拍摄制作中，目前在短视频领域中极少使用。它的主要优点是拍摄画质极高；镜头多样，能够满足各种拍摄需求；色彩还原能力强；稳定性强。

专业摄像机的主要缺点是价格极其昂贵、体积重量大、操作难度高。相对于单反相机，专业摄像机的景深效果和立体感较差，难以实现单反相机的景深效果。

图4-3　卡片式相机　　　　　　　　图4-4　专业摄像机

大师点拨

选择哪种相机进行短视频拍摄，取决于短视频创作者的拍摄需求和预算。下面是给新手拍摄短视频在选用拍摄设备方面的一些建议。

（1）智能手机是最便携和最方便的选择，同时还可以进行即时分享。智能手机也越来越多地拥有优秀的摄像和视频功能，可以拍摄高质量的短视频。通常以人物为主的短视频内容可以选择智能手机进行拍摄。另外，短视频新人也最好先使用智能手机进行拍摄，待熟练掌握拍摄技巧后，再逐步升级到更加专业的图像采集设备。

（2）单反相机的画质、色彩还原和景深效果都很好，但需要较多的时间和技巧来操作，适合有一定摄影经验的人士。通常需要突出景致的短视频内容可以选择单反相机进行拍摄。

（3）卡片式相机体积小、轻便，适合随身携带，同时拥有多种自动和手动模式。在预算充足的前提下，推荐短视频创作者使用卡片式相机进行拍摄。至于专业摄像机，如果不追求电影效果的画面质量，一般不推荐使用。

4.1.2 声音采集设备

声音采集设备主要是麦克风和音质优化设备。高品质的声音采集设备能使短视频声音更加清晰和饱满，在录制视频时可以有效去除杂音，生成还原度较高的音频。

❶ 电容式麦克风

电容式麦克风是一种专业的收音设备，如图4-5所示。它是利用导体间的电容充放电原理，使得音效饱满、圆润。电容式麦克风的特点是灵敏度高，频率响应宽，能够捕捉到更加细微的声音细节。因此，它常被用在录音棚、电视台、广播电台、电影制片等需要高质量录音的场合，也适用于需要高保真音质的乐器录音和歌唱录音等场合。另外，小型佩戴式收音设备也多为电容式麦克风。

❷ 动圈式麦克风

动圈式麦克风（图4-6）能够高度还原真实声音，声音清晰洪亮，但一般体型较大。相对于其他麦克风类型，动圈式麦克风的优点在于结构简单、坚固耐用，不易受到震动和振动的影响，同时价格相对较为经济实惠。这使得动圈式麦克风成为广播、现场演出等领域的常用工具。但动圈式麦克风的灵敏度较低，频率响应也不如电容式麦克风等高端麦克风。动圈式麦克风通常具有很高的最大声压级，能够处理高音量的声音信号而不会出现失真或损坏的情况。

❸ 声卡

声卡是一种专门用于直播、录音、混音等音频处理的硬件设备，如图4-7所示。其作用在于提供高品质的音频输入和输出，以及对音频信号进行实时处理和增强，从而提高直播或录音的音频质量。在拍摄时声卡主要用于增强音质，一台声卡可连接多个设备，包括智能手机、伴奏手机、耳机和电容话筒。

图4-5 电容式
麦克风

图4-6 动圈式
麦克风

图4-7 声卡

具体来说，声卡可以提供以下功能。

（1）音频输入：声卡可以连接各种不同类型的麦克风、乐器、音频设备等，将音频信号转换为数字信号，并且能够处理高保真度的音频输入。

（2）音频输出：声卡可以提供高品质的音频输出，支持多种不同的输出接口和格式，如立体声、5.1声道等。

（3）实时处理和增强：声卡可以提供各种音频处理效果，如均衡器、压缩器、混响器、回声消除等，以及实时音量调整等功能，使直播或录音的音频质量更加清晰、准确、有力。

（4）降噪和去回声：声卡可以通过降噪和去回声等技术，提高音频信号的纯度和质量，从而减少噪声和杂音的干扰，使直播或录音的效果更加优秀。

大师点拨

无论是智能手机还是单反相机的收音效果都不足以生成清晰的高质量声音，特别是在户外，周边的噪声往往很大，拍摄的视频杂音较多，严重影响声音质量。且拍摄时机位离人物较远，所以拍摄的音量较小。因此，在拍摄时常用到无线佩戴式收音器和枪式麦克风，以提升收音质量，如图4-8和图4-9所示。

图4-8　无线佩戴式收音器

图4-9　枪式麦克风

4.1.3 ▶ 灯光设备

灯光设备主要用于调节视频拍摄和直播环境中的光线效果，在拍摄时非常重要，它可以影响影片的视觉效果、气氛和色调。以下是灯光设备在拍摄时的几个重要作用。

（1）提高画面的亮度和对比度。在拍摄过程中，灯光设备可以增加画面的亮度和对比度，使画面更加鲜明、清晰，让观众更容易看清楚画面中的细节。

（2）灯光设备可以通过改变光线的色温、光线的强度、光线的方向等方式，创造出不同的氛围和色调。比如，柔和的光线可以营造出浪漫的氛围，冷色调的灯光可以制造出冷酷的感觉。

（3）灯光设备可以控制画面中的阴影和高光，以达到最佳的画面效果。适当的阴影和高光可以增加画面的层次感和立体感，使画面更加生动。

（4）灯光设备可以通过调节光线的方向和强度，将观众的注意力引导到画面中的焦点上。比如，在拍摄人物时，适当的灯光可以突出人物的表情和动作，使画面更加生动有趣。

在拍摄短视频时，常用的灯光设备主要包括环形补光灯、手持补光灯、多角补光灯。

1 环形补光灯

环形补光灯是一种圆形的灯光设备，如图4-10所示，其内侧安装了一圈灯柱，可以提供均匀的、柔和的环形光源。环形补光灯主要用于拍摄人像或近景，可以使人物的脸部和眼睛更加明亮和清晰。由于环形补光灯的光源均匀、柔和，因此可以减轻拍摄时的阴影和过度曝光问题。

2 手持补光灯

手持补光灯是一种手持式的灯光设备，如图4-11所示，适用于拍摄移动的对象，比如，演讲、采访等场合。手持补光灯一般比较小巧便携，可以提供局部的补光，使拍摄对象更加明亮和清晰。手持补光灯也常用于拍摄小物品、手工制品等需要靠近物品的场合。

3 多角补光灯

多角补光灯是一种可以调节角度的灯光设备，如图4-12所示。它可以提供多个角度的光源，从而适应不同的拍摄场合。多角补光灯可以根据拍摄需要调节灯光的角度和强度，使拍摄对象的表情、颜色更加真实，也可以通过调节光源的角度和强度，营造出不同的氛围和色调。

图 4-10 环形补光灯

图 4-11 手持补光灯

图 4-12 多角补光灯

4.1.4 ▶ 辅助设备

辅助设备主要用于帮助提高拍摄质量和降低拍摄难度，常见的拍摄辅助设备有支架、云台、无人机、穿越机等。

1 支架

支架主要用于放置手机、相机或话筒，如图4-13所示。其作用在于提供更加稳定的拍摄平台，使拍摄画面更加清晰、稳定和准确。同时支架能够有效解放视频拍摄者的双手，提高拍摄效率，使拍摄者可以更加专注于构图、光线等方面的调整。支架常用于固定机位拍摄，适用于访谈节目、口播类短视频等拍摄场景。

2 云台

云台又称为拍摄稳定器，是一种用于相机、摄像机等设备的稳定和方向调节的装置。它可以通过一定的机械原理，使设备能够在水平、垂直等方向上进行稳定的运动，从而实现更加准确、流畅的拍摄。在拍摄短视频时根据图像采集设备的不同，又分为手机云台和相机云台，如图4-14和图4-15所示。

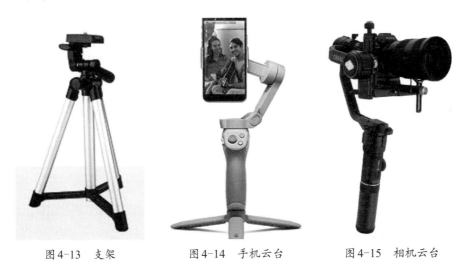

图4-13　支架　　　　　图4-14　手机云台　　　　　图4-15　相机云台

3 无人机和穿越机

无人机（图4-16）在拍摄视频时可以提供独特的视觉效果。无人机拍摄又称为"航拍"，主要用于大型活动拍摄、户外场景全景拍摄。在人工拍摄无法到达的方位，往往需要使用无人机来进行拍摄。

穿越机属于无人机的一种，如图4-17所示。但区别于普通无人机，穿越机体型更小，可以自由飞行，且飞行速度更快，飞行角度更加丰富。由于穿越机没有设置云台功能，机身倾斜时画面随之倾斜，配合穿越机图传设备可以给用户带来身临其境的体验感。

图4-16　无人机

图4-17　穿越机与图传设备

4.2 短视频的拍摄方法

短视频的拍摄技巧，直接决定着短视频的影音效果。创作者运用运镜等拍摄技巧，结合画面构图、景别设计、光线位置，可以创作出贴合拍摄脚本的视频画面。

4.2.1 ▶ 视频拍摄的取景技法

视频拍摄取景是指选择拍摄画面的过程，主要包括选择拍摄的场景、确定拍摄的角度和位置、确定画面的宽高比和比例等。取景要考虑拍摄的主题、目的、环境等因素，并根据这些因素选择最佳的拍摄角度和位置。取景承载着画面的环境，通过选择与视频内容相适应的环境画面，可以有效地增强观众的代入感。直观来讲，取景就是选择拍摄的背景，其中包含环境光线、背景与内容的吻合度等。

比如，在拍摄人物时常使用自然风光、花草作为背景，如图4-18所示。再比如，图4-19中的美食拍摄，采用纯黑的无光背景配以单一的香炉作为点缀。整体画面简洁大方，有利于让观众的视线聚焦到画面主角"美食"上。短视频拍摄在取景设计上，常用的景别主要有远景、近景、全景、特写。

图4-18 风景花草取景

图4-19 纯色取景

1 远景

远景是指拍摄被摄物与镜头之间距离较远的场景，如图4-20所示。这种镜头可以显示出更广阔的场景，通常用于显示整个场景或场景中的主要元素，例如，人物、建筑物或风景。远景镜头通常用于引出场景或展示环境。

图4-20　拍摄中的远景

2 近景

近景是指拍摄被摄物与镜头之间距离较近的场景，如图4-21所示。这种镜头通常用于突出被摄物的细节和表情，例如，人物的脸部、眼睛或手部等。近景镜头可以让观众更加深入地了解被拍摄物体的细节。

图4-21　拍摄中的近景

3 全景

全景是指拍摄被摄物周围环境的场景，如图4-22所示。这种镜头可以显示出更广阔的环境，通常用于展示大片的风景、建筑物或城市景观等。全景镜头可以让观众感受到被摄物所处的环境和氛围。

图4-22　拍摄中的全景

4 特写

特写是指拍摄被摄物与镜头之间距离极为接近的场景，如图4-23所示。这种镜头通常用于突出被摄物的细节，例如，人物的面部特征或物体的纹理等。特写镜头可以让观众更加深入地了解被拍摄物体的细节。

图4-23　拍摄中的特写

4.2.2 ▶ 视频拍摄的构图技法

构图是指将画面中的各个元素有机地组合在一起的过程，要考虑画面的平衡、层次、节奏、节制等因素，使画面更具有吸引力和表现力。构图可以通过选择拍摄的主体、背景、前景、对比度、对焦等手段来实现。

在进行视频拍摄时，取景和构图是非常重要的步骤，它们能够直接影响视频画面的美观度和表现力，因此摄影师需要认真思考和规划每一帧画面。构图是在取景的基础上，加入需要突出的拍摄主体。根据画面比例和主体位置，重构画面结构，使其更加符合用户的审美习惯。在日常短视频拍摄中，结合景别的构图方式主要有框架构图、居中构图、对称构图、线性构图和光线对比构图等，其具体特点如下。

1 框架构图

框架构图是指通过在画面中创建一个框架或边框来突出主题或主体，如图4-24所示。这个框架可以由任何物体或元素组成，例如，建筑物、树木、岩石、人物等，通常会在画面中创建一个自然的边缘或边框，将主题置于中心或侧面。框架构图可以使画面更加有趣和吸引人，同时也可以帮助观众更好地理解画面的主题和内容，这种构图技巧可以在摄影、绘画、设计等各种视觉艺术中使用。

2 居中构图

居中构图是指拍摄主题或主体被放置在画面的中心位置，如图4-25所示。这种构图技巧通常会使画面更加对称和平衡，使观众的注意力集中在主题上。居中构图在许多不同的艺术形式中都有应用，如摄影、绘画、平面设计和电影等。

图4-24　框架构图

在使用居中构图时需要注意，如果使用过度，可能会导致画面显得乏味或缺乏创意。在实践中，需要仔细考虑主题的大小、形状、颜色和周围环境的元素，以确保画面具有足够的视觉吸引力和表现力。居中构图适用于大部分拍摄场景，是视频拍摄中运用得最多、最常见的构图方法。

3 对称构图

对称构图是指将画面分为两个或更多个完全相同或几乎相同的部分。对称构图可以是水平、垂直或对称轴对称，通常被用来创建平衡和稳定的画面，同时也可以用来强调主题或主体的重要性，如图4-26所示。在使用对称构图时需要注意，如果使用不恰当，可能会使画面显得乏味或缺乏创意。在实践中，需要考虑主题的大小、形状、颜色和周围环境的元素，以确保画面具有足够的视觉吸引力和表现力。对称构图常用于建筑物、特殊景别的拍摄。

图4-25　居中构图　　　　　　　　　　图4-26　对称构图

4 线性构图

线性构图是指拍摄沿着画面中的特定路径移动，如图4-27所示。这些线条可以是实际的线条，如建筑物、路线、树枝、自然风景等，也可以是视觉上的线条，如颜色、纹理、形状等。线性构图通常被用来创造动态和运动感，同时也可以用来强调主题或主体的重要性。在使用线性构图时需要注意，如果使用不恰当，可能会使画面显得混乱或不稳定。在实践中，需要考虑线条的方向、形状、长度和周围环境的元素，以确保画面具有足够的视觉吸引力和表现力。在拍摄时用镜头沿着线条推拉，画面会具有极强的纵深感。

5 **光线对比构图**

光线对比构图，是指利用拍摄画面中不同区域之间的光线强度差异来引导观众的视线，如图4-28所示。这种构图技巧通常涉及使用高光和阴影等明暗对比来创建视觉上的深度和层次感。光线对比构图通常被用来强调画面中的主体、突出细节或创建戏剧性效果。在使用光线对比构图时需要注意，如果使用过度，可能会使画面显得太过强烈或过于戏剧化，导致观众视觉疲劳。在实践中，需要平衡使用光线对比构图的程度，以确保画面具有足够的视觉吸引力和表现力。

图4-27　线性构图

图4-28　光线对比构图

4.2.3 ▶ 视频拍摄的光线应用

在拍摄短视频时，要想更加清晰地呈现画面，对光线的应用至关重要。而光线的选择直接决定了拍摄角度，常见的光线角度主要包括逆光、斜侧光、正侧光和正光，如图4-29所示。

1 **正光拍摄**

正光拍摄是指拍摄者背对光源，光源在摄影者后方照射向被摄者，又称为"顺光"。这种拍摄方法色彩还原度高，但拍摄画面缺乏体力感和阴暗变化，

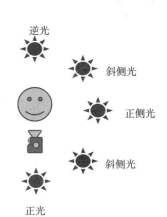

图4-29　光线

如图4-30所示。正光拍摄常用于拍摄人物，在拍摄建筑物时，由于缺失立体感，所以很少使用正光拍摄。正光拍摄可以使主体表现出更多的细节和纹理，并且产生更明显的阴影和高光。同时，正光拍摄还可以使主体的轮廓更加鲜明，呈现出更加立体感的效果。

正光拍摄需要考虑光线的强度、角度和方向，以及主体的位置和角度，以达到最佳的效果。这种拍摄技术可以通过调整拍摄位置和角度、使用反光板或遮光板等辅助工具来控制光线的方向和强度，从而使拍摄结果更加理想。

2 逆光拍摄

逆光拍摄是指光源位于被摄者后方，即主体背对着光源的情况下进行拍摄。这种拍摄方式通常会产生强烈的反差效果，使主体在背景中更加突出。

逆光拍摄的主要特点是主体通常会出现明暗不均的情况，因为光源直接照射在主体背面，使主体的前景区域处于相对阴暗的状态。但是，逆光拍摄可以营造出一种强烈的视觉冲击感，让主体更加突出，同时也可以制造出一些有趣的效果，例如，主体周围形成光晕或轮廓更加鲜明等。

在逆光拍摄中，为了避免主体过于昏暗或失真，摄影师可以采用一些技巧来提高拍摄质量，例如，使用闪光灯或反光板来增强前景光线的亮度，或者利用曝光补偿来调整相机的曝光参数，从而达到更好的拍摄效果。逆光拍摄容易造成被摄者曝光不充分，画面主体阴暗，如图4-31所示，但却可以增强画面环境的氛围感。

图4-30 正光拍摄效果

图4-31 逆光拍摄效果

③ 正侧光拍摄

侧光拍摄分为正侧光拍摄和斜侧光拍摄。正侧光是指光源来自被摄者左右两侧，与被摄者、相机大约呈90度夹角的光线。正侧光拍摄阴暗分明，如图4-32所示，但不适合拍摄人物，容易造成人像一半明亮一半阴暗。

图 4-32　正侧光拍摄效果

④ 斜侧光拍摄

斜侧光拍摄是指相机与光线之间的角度大约45度，光线斜射在被摄物体表面时的拍摄方式。相机拍摄的方向与光线方向呈一定夹角，这种拍摄方式能够让拍摄出来的照片产生一种独特的视觉效果，增强照片的层次感和质感。

4.2.4 ▶ 视频拍摄的角度选择

视频拍摄中的拍摄角度包括拍摄高度和拍摄方位。拍摄高度主要分为平拍、俯拍、仰拍，如图4-33所示，它们各有不同的作用和效果，可以用来传达不同的情感和意义。仰拍是指从下往上拍摄的角度，可以强调被拍摄物的高度和威严感，让被拍摄物看起来更加庄重和崇高。例如，拍摄高楼大厦或教堂时，可以使用仰拍来突出它们的高度和宏伟。平拍是指与被拍摄物的高度相同的拍摄角度，可以呈现被拍摄物的真实情况和场景。平拍是最常见的拍摄角度，适用于大多数拍摄场景。俯拍是指从上往下拍摄的角度，可以突出被拍摄物的大小和重要性，让被拍摄物看起来占据更大的画面。例如，拍摄小动物或花朵时，可以使用俯拍来强调它们的特点。

拍摄方位通常分为正面、正侧、斜侧、背面等角度，如图4-34所示。拍摄方位的选择，主要取决于需要呈现的画面内容。比如，短视频中的口播，为了突出主角的形象通常使用正面拍摄。再比如，视频画面需要突出两人对话交流的场景，则需要使用侧面拍摄。在实际的短视频拍摄过程中，正面和侧面拍摄方位使用较多。

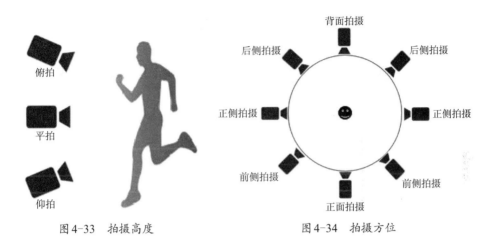

图 4-33 拍摄高度　　　　　　　　　图 4-34 拍摄方位

4.2.5 ▶ 视频拍摄的运镜技法

运镜是指在拍摄过程中镜头移动的线路，通过运镜可以创造出不同的视角和画面效果。运镜需要根据叙事内容进行，可以有效提高场景的展示性，使观众有更强的代入感，其目的是使表达的事物更加丰满。下面介绍6种常用的基础运镜技法。

1 推运镜

推运镜是指在拍摄时，镜头向前移动，不断靠近被摄主体，主体在画面中的比例逐渐变大。这也是最为常见的一种运镜技巧，如图4-35所示。这种运镜方式可以让观众更好地了解物体的大小和距离，同时也可以突出或隐藏特定物体或场景。

2 拉运镜

拉运镜与推运镜正好相反，是指在拍摄时，镜头向后移动，不断远离被摄主体，主体在画面中的比例逐渐变小，如图4-36所示。拉运镜具有突出拍摄环境、增加画面氛围的作用，与推运镜一样，可以让观众更好地了解物体的大小和距离。

图 4-35　推运镜

图 4-36　拉运镜

3　摇运镜

摇运镜是指在拍摄过程中，镜头原地不动，旋转镜头使之呈弧线旋转，如图 4-37 所示。摇运镜可以捕捉不同的角度和视野，用于展示高度或角度不同的场景，以及特定物体的不同部分。

4　移运镜

移运镜是指拍摄时平行移动镜头，又分为纵向平移和横向平移，镜头移动轨迹为直线，如图 4-38 所示，常用于逐步展示物体的各区域。另外，通过在运动过程中改变相机的位置来改变视角和画面效果，移运镜可以展示追逐、逃脱等场景，并且可以让观众更好地感受场景的紧张感和动态感。

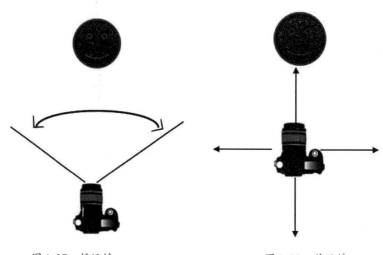

图 4-37　摇运镜　　　　　　　　　　　　　图 4-38　移运镜

5　升降运镜

升降运镜是指拍摄时上下直线移动镜头，如图 4-39 所示。通过升降运镜，可以使画面在垂直方向上产生变化。例如，当相机向上移动时，可以突出人物或景物的高度和层次感；而当相机向下移动时，可以强调人物或景物的低处或细节。

升降运镜是一种常用的运镜技巧，在电影、电视剧、广告和其他视频制作中经常出现。它可以为观众带来独特的视觉感受，并且能够加强情节的表达和氛围的营造。

6 环绕运镜

环绕运镜是指拍摄时以主体为轴心，镜头围绕轴心呈圆圈或半圆圈移动，如图4-40所示。通过环绕运镜，可以使画面产生环绕的效果，从而让观众感受到物体或场景的空间感和立体感。例如，在电影中，环绕运镜经常被用于展现一个场景的全貌和环境，或者用于强调人或物体在空间中的位置和动态。在旅游、纪录片、广告等视频制作中，环绕运镜也经常被用于展示风景、建筑、产品等。

环绕运镜也是一种常用的运镜技巧，但它需要高超的技术和经验，因为相机的运动路径和速度需要精确控制，以确保画面的稳定和流畅。

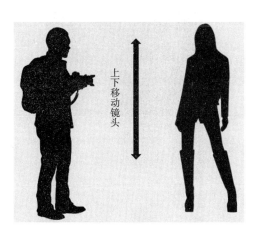

图4-39 升降运镜

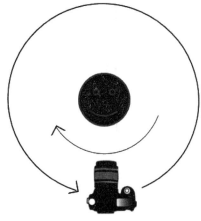

图4-40 环绕运镜

大师点拨

除了以上基础运镜方式，还有其他的运镜手法，比如，跟拍运镜。它是指镜头跟随被摄主体的移动线路进行移动，但在拍摄时需保持镜头与被摄主体同步移动，这也是一种常用的以人物为主体画面的拍摄方法。

4.2.6 ▶ 手机拍摄的参数设置

运用智能手机拍摄视频的效果相比专业单反相机和专业摄像机拍摄，画质会有一定差异，但合理设置视频拍摄参数，能有效提升画质。

手机拍摄时首先需要设置视频画面比例，通常横屏拍摄选择16:9，竖屏拍摄选择9:16，这个比例也是目前短视频平台上传视频的默认比例。视频分辨率选择1080P或4K，如图4-41所示，1080P的分辨率就是高清视频。

视频帧率也是一项极为重要的参数，是指每秒钟拍摄的画面张数。帧数越高，画面的连贯性越强，在剪辑和加入特效时不易出现卡顿。目前高质量的短视频均采用60帧，具体设置方法如图4-42所示。

图 4-41 视频分辨率设置

图 4-42 视频帧率设置

• 课堂范例 •

分别运用推、拉运镜方法拍摄一位同学

推、拉运镜是最基础，也是最常用的运镜方式。推运镜是一种让画面由远到近的镜头运动方式，常用于特写主体，能有效把观众注意力从环境聚焦到具体事物上。在使用推运镜时，需注意镜头最后的画面一定要聚焦到需表达的具

体细节上。

拉运镜是一种让画面由近到远的镜头运动方式，常用于交代周边环境与主体的关系。在使用拉运镜时，最后的画面需完整表现整体环境。

在实操拍摄中，应尽可能保持镜头直线移动，可以使用手持云台固定拍摄设备，避免镜头抖动。另外，在运镜的过程中应缓慢移动镜头，过快的移动会让交代环境与主要关系时不够充分，影响观看体验。

4.3 视频拍摄的场景设计

场景在短视频拍摄中主要是为了凸显主体和剧情的发生环境，也就是通常说的"情景"。短视频中的"情"是以剧情为主导，突出主体人物的行为、表情、语言。而"景"则是以场景为主导，突出在特定环境中事物的状态。只有情景交融，才能让短视频内容更加贴近用户，引起共鸣。

4.3.1 ▶ 短视频场景类型

短视频场景设计有别于影视作品场景。优秀的短视频场景往往并不复杂，大多选择现实生活中能接触到的场景。场景的构成要素主要有建筑、人物、声音、光线等，常见的场景有表意场景和叙事场景。具体介绍如下。

1 表意场景

表意场景是指在视频制作中，通过场景的布置、摆设、道具、服装、灯光等元素，来传递和强化情感、主题、氛围、角色等信息的一种场景设计方式。表意场景通常与故事情节和角色特征紧密相连，通过视觉形式将内在的情感和主题呈现出来，从而让观众更深入地理解和感受故事。例如，在一个悲伤的场景中，表意场景的设计可能采用冷色调、低亮度、凄凉的布置、沉重的音乐等元素来表现情感；而在一个快乐的场景中，表意场景的设计则可能采用暖色调、高亮度、丰富的色彩、欢快的音乐、热闹的布置等元素来表现情感。

表意场景是视频制作中非常重要的一环，它可以为故事情节和角色塑造增色添彩，使视频更具有视觉冲击力和感染力。因此，在视频制作过程中，对于场景的设计和构思需要认真考虑和精心呈现。这类场景具有极强的主观性，常通过光影来表现短视频主体的情绪与状态，如图4-43所示。

2 叙事场景

叙事场景是在短视频中最常见的一种场景，通常与剧情直接关联或作为剧情发展的载体。其特点是烘托气氛、充当背景，甚至直接参与剧情，如图4-44所示。与表意场景不同，叙事场景更加注重推动情节的发展和角色的塑造，它可以通过环境、人物的互动、视觉元素等多种手段，来向观众传递信息和情感，从而推动故事的进展。例如，在一个爱情故事中，叙事场景的设计可能采用浪漫的氛围、温馨的道具、明亮的色彩等元素来表现角色之间的感情和互动。

图4-43 表意场景

图4-44 叙事场景

4.3.2 ▶ 人物与场景的搭配

人物与场景的搭配是指通过将人物与场景进行融合，以达到更好的视觉效果和艺术表现的手段。通常情况下，人物与场景的搭配是为了营造一种特定的情境或氛围，让观众更好地理解故事的情节、人物的性格和心态等。

短视频拍摄中常用的人物与场景的搭配分为融合与反差两类。

融合类型是指剧情任务特性与场景相吻合，比如，一个浪漫的场景可能会与两个相爱的人的情感表达相匹配；一个荒凉的环境可能会与一个孤独的主角的心情相呼应；一个繁华的城市可能会与商业广告相契合。在短视频拍摄制作中，人物与场景的搭配也是为了创造一种独特的视觉效果，让观众感受到画面的情感和意义。

反差类型是指剧情或人物与场景具有较大的反差，比如，拍摄一位衣着破烂的乞丐在酒吧喝酒，一位衣着精致、成熟稳重的男士在织毛衣。以上两种都是反差类场景的典型代表。

> **大师点拨**
>
> 反差类场景设计容易激发用户的好奇心，使之能够长时间观看短视频，寻求反差的原因。反差类场景设计对于5秒完播率有着极高的提升效果。

人物与场景搭配的成功与否，取决于场景与人物之间的协调性，以及它们所表达的情感是否与整个作品的主题和情境相吻合。一个完美的人物与场景搭配，可以让观众产生更深刻的感受和共鸣，从而更好地理解作品的内涵。

◆ 课堂范例 ◆

搭建朗诵古诗场景

诗词一般都是故事或情绪的表达，所以需要场景与故事、情绪吻合，即故事发生的场景。所以，在搭建场景时首先需要分析诗词的意境和故事，并根据不同诗词选择不同的场景。比如，张译与刘劲朗诵的《将进酒》中的背景，把诗词中的悲愤狂放、圣贤寂寞、大起大落、奔放跌宕的意境表现得淋漓尽致，如图4-45所示。

图4-45 《将进酒》朗诵场景

课堂问答

通过本章的学习，读者对短视频的拍摄技法和场景设计有了一定的了解，下面列出一些常见的问题供学习参考。

问题1：简述短视频拍摄中常用的图像采集设备的优劣势。

答：短视频拍摄中常用的图像采集设备有智能手机、卡片式相机、单反相机。其中，智能手机的优点是便携和使用简单，其缺点主要是拍摄画质相对较差。而卡片式相机在拍摄画质上比智能手机更好，但不如单反相机，便携性也位于智能手机和单反相机之间。单反相机的优点是拍摄画面质量优秀，但缺点也很明显，体积和重量较大，携带和使用的方便性较差，同时价格也相对较高。

问题2：短视频拍摄中的居中构图是什么意思？

答：居中构图是应用最多的一种构图方法，它是把拍摄主体放置在画面的中心位置，这种构图技巧通常会使画面更加对称和平衡，使观众的注意力集中在主题上。使用居中构图时，需要仔细考虑主题的大小、形状、颜色和周围环境的元素，以确保画面具有足够的视觉吸引力和表现力。

问题3：短视频拍摄中常用的环绕运镜是什么意思？

答：环绕运镜是指拍摄时以主体为轴心，镜头围绕轴心呈圆圈或半圆圈移动。通过环绕运镜，可以使画面产生环绕的效果，从而让观众感受到物体或场景的空间感和立体感。

 课后实训

任务：使用手机稳定器拍摄一段视频

通过本章内容的学习，请读者完成课后实训任务。可以结合任务分析及任务步骤进行操作，以巩固本章所讲解的知识点。

【任务分析】手机稳定器又称为"云台"，主要用于拍摄时稳定镜头，避免画面抖动。通常手机稳定器都具有拍摄指令功能，但需要将手机与稳定器进行无线连接，这也是使用云台拍摄的第一步。

【任务目标】通过实操掌握手机稳定器的基本使用方法。

【任务步骤】具体操作步骤如下。

步骤 ① 安装手机，拉开手机固定夹，安装到稳定器上。

步骤 ② 开启稳定器电源，长按2秒开机键。

步骤 ③ 打开手机蓝牙，进行蓝牙匹配，将手机与稳定器进行连接。

步骤 ④ 请按录像键，开始拍摄。

 知识能力测试

本章讲解了短视频拍摄设备和基础拍摄方法的相关内容，为了对知识进行巩固和考核，请读者完成以下练习题。

一、填空题

1. _____是指让视频画面左右或上下对称的一种构图方式。

2. _____是背对光源，光源在摄影者后方照射向被摄者，又称为

_____。

3. 环绕运镜是指拍摄时以主体为轴心，镜头围绕轴心呈_____或

_____移动。

二、判断题

1. 话筒、麦克风是一种常见的拍摄辅助设备。 （　　）

2. 移运镜是指拍摄时上下直线移动镜头，主要用于体现拍摄主体高度或周边环境。 （　　）

3. 拍摄方位通常分为正面、正侧、斜侧、背面等角度。拍摄方位的选择，主要取决于需要呈现的画面内容。 （　　）

三、选择题

1. 推运镜是指在拍摄时，镜头（　　），不断靠近被摄主体。

  A. 水平向后   B. 平稳向上

  C. 平稳向下   D. 水平向前

2. （　　）不属于拍摄场景的构成要素。

  A. 声音   B. 拍摄主体

  C. 光线   D. 建筑

3. 反差类场景设计容易激发用户的好奇心，使之能够长时间观看短视频，提升短视频的（　　）。

  A. 完播率   B. 转发量

  C. 收藏量   D. 粉丝量

5

第 —— 章

短视频的剪辑方法与技巧

视频剪辑是将拍摄的原始素材进行加工，留其精华，去其糟粕。把原本凌乱、冗杂的内容重新排列，加入各类特效和视觉效果，使其更加合理、明确地表达视频内容，从而增加内容的艺术表现力和感染力。如果我们把拍摄视频比作修建房屋，那么后期剪辑就是装修房屋。

学习目标

- ◆ 了解常用视频剪辑软件
- ◆ 掌握视频的裁剪与调整方法
- ◆ 掌握添加特效与滤镜的方法
- ◆ 掌握添加音效和背景音乐的方法
- ◆ 掌握添加字幕的方法
- ◆ 掌握添加画面转场的方法

5.1 了解短视频剪辑软件

视频剪辑软件是一种用于编辑和处理视频的软件程序，它可以让用户通过剪辑、拼接、添加音频、特效、文字和转场等方式来制作和编辑视频。一般而言，视频剪辑软件会提供基本的剪辑工具，例如，在时间轴上切割和重排视频片段、添加音频、调整视频和音频的音量、添加转场效果等。一些更高级的视频剪辑软件还提供更复杂的功能，例如，调色、色彩校正、视频稳定、运动跟踪等，以及支持多种视频格式的导入和导出。短视频剪辑主要通过电脑或手机进行视频编辑，常用的剪辑软件有剪映、Adobe Premiere 等。

图 5-1　剪映 Logo

5.1.1 ▶ 剪映

剪映是一款由字节跳动公司开发的手机视频剪辑软件，属于一款入门级的手机视频编辑工具，App 的 Logo 如图 5-1 所示。其主要功能包括视频剪辑、滤镜、特效、字幕、音乐添加等。剪映的用户界面简洁易用，功能齐全，许多用户使用它来制作和编辑短视频，App 打开后的主界面如图 5-2 所示。

在剪映中，用户可以通过拖动和调整时间轴上的视频片段，添加音频、字幕、滤镜、特效等方式来编辑视频。剪映也提供了许多高质量的视频滤镜和特效，用户可以根据自己的需要将它们添加到视频中，从而增强视频的视觉效果。此外，剪映还提供了丰富的音乐库，用户可以在其中选择背景音乐或音效来为视频添加音频。

图 5-2　剪映主界面

剪映和抖音同属于字节跳动公司，所以剪映可以将制作的视频一键分享到抖音平台，使用户可以轻松分享自己的作品。总的来说，剪映是一款功能丰富、易于使用的手机视频剪辑软件，适用于各种短视频制作和编辑需求。目前，剪映不仅支持手机移动端，还能在Pad端、Mac电脑、Windows电脑全终端使用。由于剪映与抖音同属于字节跳动公司旗下，在App的关联性上具有其他视频剪辑软件不具备的优势。

5.1.2 ▶ Adobe Premiere

Adobe Premiere简称"PR"，是一款由Adobe公司开发的专业级视频编辑软件，主要在电脑端使用，如图5-3和图5-4所示。

图5-3　Premiere软件Logo

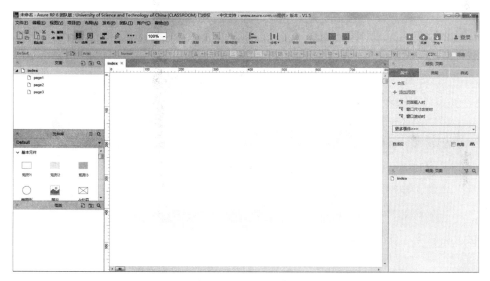

图5-4　Premiere界面

Adobe Premiere常用于影视节目的剪辑制作，受到视频编辑爱好者和专业人士的青睐。Adobe Premiere提供了采集、剪辑、调色、美化音频、字幕添加、输出、DVD刻录的一整套流程，并和其他Adobe软件高效集成，足以完成在编辑、制作、工作流程上遇到的所有挑战，满足制作各类高质量视频作品的要求。

Adobe Premiere内置的音频编辑器可以让用户对音频进行精确的修剪、混音、音量调整和添加音效等操作。

Adobe Premiere内置了大量的视频特效、转场和文字效果，可以让用户在视频中添加各种风格的效果。Adobe Premiere还支持多摄像头编辑，可以同时编辑多个角度的视频。

Adobe Premiere 支持GPU加速渲染，可以提高视频的渲染速度，同时也支持多种视频格式的导出。

> **温馨提示**
>
> Premiere与Adobe公司的其他软件具有极强的兼容性，可与它们互相协作，满足日益复杂的视频制作需求。除此以外，Adobe公司开发的其他主要图像与音视频处理软件如下。
>
> （1）PS：全称Photoshop，是一款专业的图像处理软件。
> （2）AE：全称After Effects，是一款动态图形设计软件。
> （3）AU：全称Audition，是一款专业的音频编辑软件。
> （4）ME：全称Media Encoder，是一款视频与音频编码软件。

5.2 短视频的后期剪辑方法

视频后期剪辑是指在视频录制完成后，对视频素材进行编辑、调色、音频处理等工作，以制作出最终版本的视频作品的过程。

目前市面上的视频剪辑软件众多，除了剪映和Premiere，常用的还有爱剪辑、快剪辑、秒剪等，它们在基础功能上都与剪映有许多相似之处。本节我们将以剪映App作为工具软件，详细讲解视频后期剪辑的基本方法。

5.2.1 ▶ 调整视频画面比例

调整画面比例是对原始视频素材的画面大小进行裁剪，将拍摄时多余的画面内容去除，使之更加符合用户观看习惯和短视频平台的视频格式要求。比如，我们在拍摄时，不小心将多余的人物拍摄进了画面中，这时我们就可以通过裁剪功能，只保留需要的画面部分。裁剪和调整画面比例的方法非常简单，具体操作步骤如下。

步骤❶ 在手机端打开剪映App，点击【开始创作】按钮，如图5-5所示。选择事先录制的视频内容，点击【添加】按钮，如图5-6所示。

图 5-5　剪映创建视频

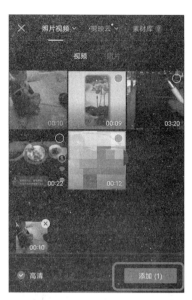

图 5-6　添加视频

步骤 ② 点击视频进度条，选择【编辑】选项，如图 5-7 所示。选择【裁剪】选项，如图 5-8 所示。拖动裁剪框，选择需要的视频画面，如图 5-9 所示。

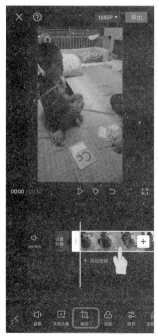

图 5-7　编辑功能入口

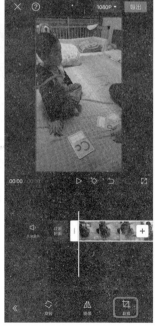

图 5-8　裁剪功能入口

图 5-9　裁剪画面大小

步骤 3 返回视频创作界面，在下方工具栏中选择【比例】选项，如图5-10所示，根据视频需求选择比例大小。竖屏拍摄的视频选择9:16比例，横屏拍摄的视频选择16:9比例，如图5-11所示。

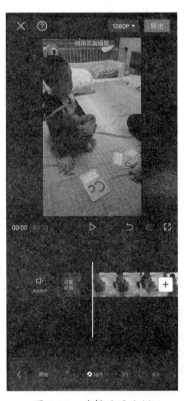

图5-10　比例功能入口　　　　　　　图5-11　选择画面比例

温馨提示

竖屏视频选择9:16比例，发布在主流短视频平台后会填满屏幕，不会出现画面四周留白的现象。如果希望视频在手机上是横屏播放，在选择视频比例时就需要选择16:9的比例。

5.2.2 ▶ 剪辑视频长度

在拍摄视频时难免会出现较多错误画面和多余画面，在后期剪辑时需要把这类错误画面删减掉。删减后的视频长度会更加简短和精练，调整视频长度的具体操作步骤如下。

步骤 1 在视频编辑界面的工具栏中选择【剪辑】选项，如图 5-12 所示。

步骤 2 左右滑动手机屏幕，选择需要删减画面的起点。屏幕中竖线的停留位置即为删减部分起点，如图 5-13 所示。点击【分割】按钮，锁定删减起点，如图 5-14 所示。

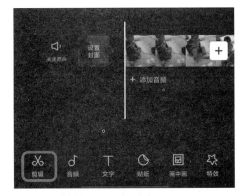

图 5-12 视频剪辑功能入口

图 5-13 选择删减起点

图 5-14 锁定删减起点

步骤 3 继续滑动手机屏幕，直至屏幕中的竖线停留在需删减画面的结束点。选中后再次点击【分割】按钮，锁定删减结束点，如图 5-15 所示，亮点之间的画面即为需要删减的内容。

步骤④ 点击屏幕中锁定画面的范围，点击【删除】按钮，即可删除之前锁定的画面内容，如图5-16所示。

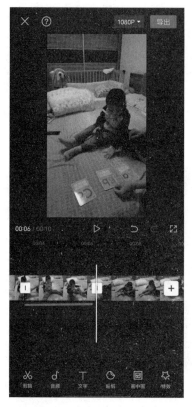

图5-15　锁定删减结束点

图5-16　删除画面

5.2.3 ▶ 为视频添加特效

添加特效可以实现在实际拍摄中不能完成的画面和镜头，也能让拍摄成本较高的画面效果变得更容易实现。剪映中自带了很多特效，创作者可根据实际需求进行选择，添加特效的具体操作步骤如下。

步骤① 进入剪映App的视频创作界面，在工具栏中选择【特效】选

图5-17　添加特效功能入口

项，如图5-17所示。

步骤② 根据视频类型选择【画面特效】或【人物特效】选项，如图5-18所示。此处选择【画面特效】中的【胶片暖棕】特效，如图5-19所示。添加特效后前后画面对比如图5-20和图5-21所示。

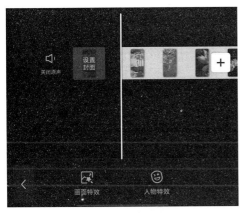

图5-18 特效类型

图5-19 特效选择

图5-20 添加前

图5-21 添加后

步骤 ❸ 拖动特效轨道左右两端，选择特效对应的画面范围，如图5-22所示。

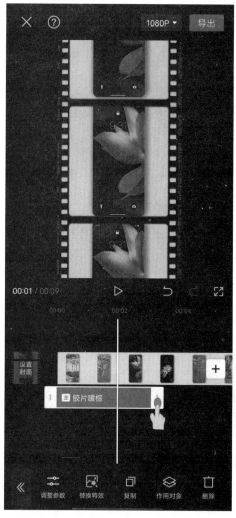

图5-22 选择特效范围

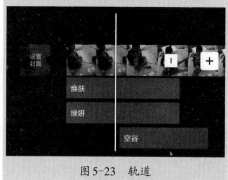

大师点拨

在视频剪辑中每增加一种效果，编辑界面就会出现一条"轨道"，初始阶段界面中的原始视频也是一条轨道。随着效果的增加，轨道也随之增加，如图5-23所示。添加字幕、背景音乐、滤镜、贴纸等都会生成一条轨道。要修改每种添加的效果，只需找到对应的轨道即可进行修改优化。

图5-23 轨道

5.2.4 ▶ 为视频添加滤镜

添加滤镜是改变视频素材视觉效果的方法，常用作修正拍摄错误和实现视频的特定效果，人物摄影中的美颜功能就属于一种滤镜。添加滤镜可以使画面更加生动、绚烂。剪映为用户提供了众多的滤镜效果，有基础类、风景类、美食类、人物类等。其添加方法也非常简单，具体操作步骤如下。

步骤 ❶ 进入剪映 App 的视频创作界面，在工具栏中选择【滤镜】选项，如图 5-24 所示。

步骤 ❷ 根据画质需求，选择合适的滤镜效果，并拖动下方的效果条，增强或减弱滤镜效果，如图 5-25 所示。

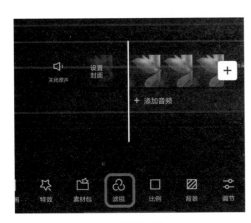

图 5-24　滤镜功能入口

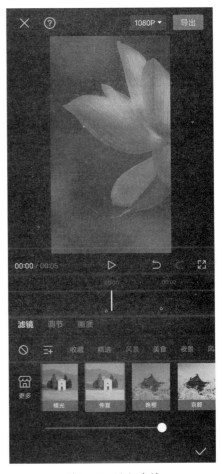

图 5-25　添加滤镜

5.2.5 ▶ 为视频添加转场

视频中的转场是镜头与镜头之间的切换，主要用于从一个场景转换到另一个场景的过渡。添加转场效果可以提高镜头切换中的逻辑性、艺术性，使场景转换更具视觉效果。常见的转场效果有叠化、运镜、光效、分割、模糊等。剪映为用户提供了大量的转场效果，添加转场的具体操作步骤如下。

步骤 ❶ 点击两段视频中的分割点，或者按照前文中所讲分割视频的方法自行分割视频并点击分割点，如图 5-26 所示。

步骤 ❷ 按照视频需要，选择对应的转场效果，并设置转场效果的时长，如图 5-27 所示。

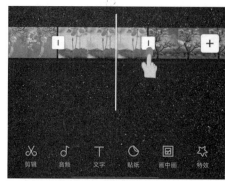

图 5-26 转场分割点

图 5-27 选择转场效果与时长

大师点拨

如果在视频中出现多个分割点，需要全部使用同一种转场效果，可选择图 5-27 中的【全局应用】选项。

5.2.6 ▶ 为视频添加声效

短视频作为一种影音类型的新媒体，自然不能缺少声音元素。短视频编辑中的音效包括配音、背景音乐、音响等。剪映不仅可以完成配音和背景音乐、音效的添加，还为用户提供了直接调用抖音中其他作品声音的功能和大量的音频素材。应用剪映添加声效的方式较多，在此列举常用的 3 种方式。

1 导入声音文件

导入声音文件是指将手机中事先下载或录制的音频文件加入视频中，具体操作步骤如下。

步骤① 进入剪映 App 的视频创作界面，在工具栏中选择【音频】选项，如图 5-28 所示。

步骤② 在【音频】功能中选择【音乐】选项后，剪映为用户提供了多种添加声音的方式。然后选择【导入音乐】选项，如图 5-29 所示。

图 5-28 音频功能入口

步骤③ 选择【本地音乐】选项，选择需要的本地音乐文件，点击【使用】按钮完成添加，如图5-30所示。此时视频创作界面将出现一条音频轨道，如图5-31所示。

图5-29　导入音乐

图5-30　导入本地音频文件

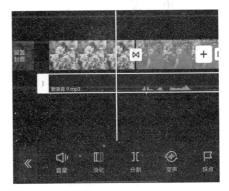

图5-31　音频轨道

步骤 4 点击音频轨道下的【音量】按钮，左右拖动音量进度条，调整音量大小，如图5-32和图5-33所示。

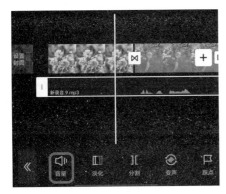

图5-32　音量入口

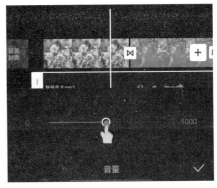

图5-33　调整音量

② 导入链接中的音频

导入链接中的音频是指在各类短视频平台中复制视频中的链接，并将其音频导入创作的视频中，具体操作步骤如下。

步骤① 打开抖音 App，在需要复制的短视频下点击【分享】图标，如图 5-34 所示。然后点击【复制链接】按钮，如图 5-35 所示。

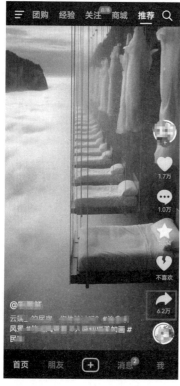

图 5-34　抖音分享功能

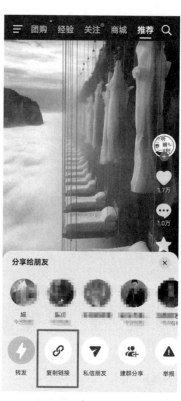

图 5-35　复制视频链接

步骤② 在剪辑【音频】功能中的【音乐】→【导入音乐】选项中点击【链接下载】按钮，并在下方的文本框中粘贴上一步复制的链接，点击【下载】图标，待系统完成解析后，点击【使用】按钮，即可完成音频添加，如图 5-36 所示。

图 5-36　音频下载与添加

3 提取音乐

提取音乐是指提取已经下载的视频文件中的音频部分，并将其添加到创作的视频中，具体操作步骤如下。

步骤① 在【音频】功能中，选择【提取音乐】选项，如图5-37所示。

步骤② 在视频选择列表中选择需要的视频，点击【仅导入视频的声音】按钮，完成声音导入，如图5-38所示。

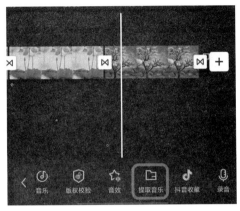

图5-37　提取音乐入口

步骤③ 拖动音频轨道，调整音频在画面中出现的位置，如图5-39所示。

图5-38　提取音乐

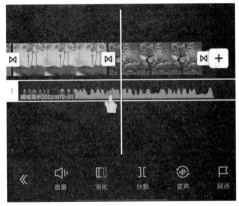

图5-39　调整音轨位置

💡 **大师点拨**

剪映在【音频】功能中还为用户提供了配音和降噪功能。

配音功能的使用是在【音频】功能中点击【录音】按钮，然后长按话筒按钮，即可开始录音，如图5-40所示。

降噪功能的作用是降低或消除视频中的杂音和噪声。用户选中需要降噪的音轨，点击【降噪】按钮即可，如图5-41所示。

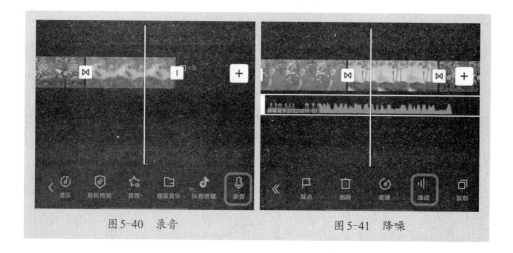

图 5-40　录音　　　　　　　　　　　　图 5-41　降噪

5.2.7 ▶ 为视频添加字幕

　　字幕是对视频中内容的一种文字提示，主要用于对话、旁白、视频介绍等。运用剪映添加字幕非常方便，具体操作步骤如下。

　　步骤 1　在剪映 App 的视频创作界面中，选择【文字】选项，选择【新建文本】选项，如图 5-42 所示。

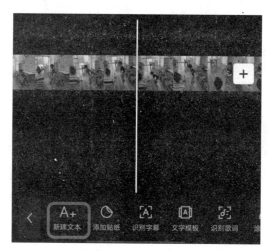

图 5-42　新建文本

　　步骤 2　在文本输入框中输入需要添加的文字，点击【√】按钮，如图 5-43 所示。

　　步骤 3　拖动画面中的文本框，调整文字在画面中出现的位置和文字大小，如图 5-44 所示。

图 5-43　输入文字

图 5-44　调整文字位置和大小

步骤④ 选中文本轨道，点击【编辑】按钮，在【字体】栏中选择需要的字体，在【样式】栏中修改文字样式和颜色，点击【√】按钮，如图 5-45 和图 5-46 所示。

图 5-45　修改字体

图 5-46　修改样式

步骤 5 选择文本轨道，移动文本框两端，调整文字出现的时长。拖动文本轨道，调整文字在视频中出现的时间段，如图 5-47 所示。

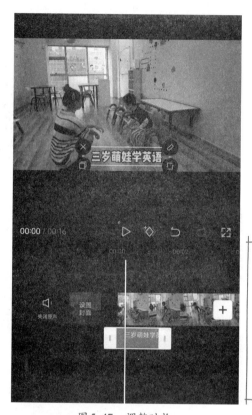

图 5-47　调整时长

温馨提示

　　剪映为用户提供了【识别字幕】功能，用户只需点击【识别字幕】按钮，系统就可以自动针对视频中的语言生成相应的字幕。生成字幕后，用户可以调整字体样式和修改字幕中的识别错误。

5.2.8 ▶ 调整视频播放速度

　　调整视频播放速度可以改变视频的节奏、氛围和情感表达。具体来说，可以压缩视频时间、突出重点内容、提升节奏感和加强情感表达。

　　将视频减速可以突出重要的场景或时刻，让观众更容易注意到并记住。对很多时长较长的视频进行加速，更容易提高视频的完播数据。例如，手工制作的视频通常内容冗长，而且过程很慢，适当将视频加速更利于用户完整地观看视频内容。

　　将视频加速或减速可以调整视频的节奏感。例如，在音乐视频中，将镜头的速度与音乐的节奏相匹配，可以增强音乐的节奏感。

　　将视频加速或减速可以表达不同的情感。例如，在一个战争电影中，将镜头加速可以表现紧张和快节奏的战争场面，而将镜头减速可以表现出悲伤或痛苦的情感。

使用剪映调整视频播放速度的具体操作步骤如下。

步骤 1 在视频编辑界面的工具栏中选择【剪辑】选项，通过【分割】功能确定需要变速内容的起始点。

步骤 2 在视频编辑界面中选中需要变速的视频段，选择【变速】选项，如图 5-48 所示。

步骤 3 进入视频变速操作界面，选择【常规变速】选项，如图 5-49 所示。

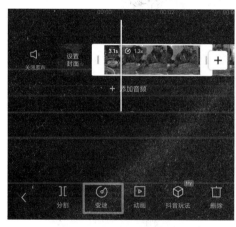 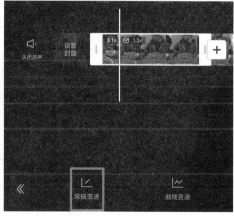

图 5-48　视频变速入口　　　　　　　　　图 5-49　常规变速

步骤 4 进入变速设置界面，按照视频需要，调整视频播放速度，并点击【√】按钮进行确认，如图 5-50 所示。

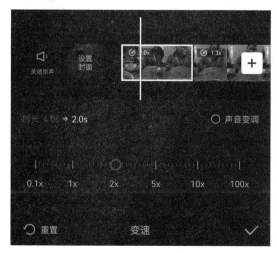

图 5-50　设置视频速度

温馨提示

　　除了常规变速，剪映还为用户提供了【曲线变速】功能。曲线变速是视频剪辑中常用的一种技术，它可以在一个视频剪辑中同时使用多个不同的速度，以达到更自然、流畅的效果。与常规的线性变速不同，曲线变速允许在同一段视频镜头中平滑地从一个速度过渡到另一个速度，从而产生一种更加自然的效果。

　　通常曲线变速会使用缓慢的速度逐渐加速到快速的速度，或者使用快速的速度逐渐减速到缓慢的速度，以实现平滑过渡。使用剪映进行曲线变速的具体操作步骤如下。

步骤① 进入视频变速操作界面，选择【曲线变速】选项。

步骤② 进入视频变速设置界面，选择【自定】选项，如图5-51所示。

步骤③ 进入自定义曲线变速设置界面，拖动白色竖线到需要添加变速点的时间位置，点击【添加点】按钮，如图5-52所示。

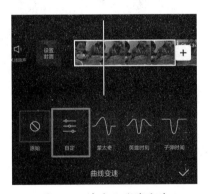
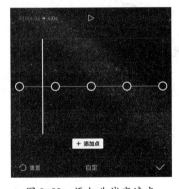

图5-51　自定义曲线变速　　　　　图5-52　添加曲线变速点

步骤④ 按照视频需要，上下左右拖动每个变速点，并点击【√】按钮进行确认，最终完成曲线变速设置。

5.2.9 ▶ 导出保存视频

　　导出视频看似是一个很简单的操作，但却最终决定了视频的画面质量，因为这一步操作将对视频的分辨率和帧率进行设置。剪映默认的视频导出格式为MP4格式，而且剪映手机版不支持修改视频为其他格式。

　　用户可按照需求调整视频参数后进行保存，具体操作步骤如下。

步骤① 在视频编辑界面中，点击视频参数设置选项，如图5-53所示。

步骤2 调整分辨率和帧率，通常分辨率设置为1080P，帧率设置为60帧，如图5-54所示。

图5-53　视频参数设置入口

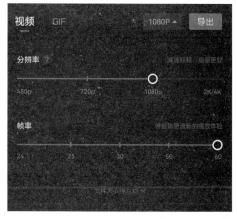

图5-54　设置视频参数

步骤3 点击【导出】按钮，即可完成视频导出。

温馨提示

剪映手机版虽然只支持视频导出格式为MP4，但为了方便视频内容在多场景下使用，剪映为用户提供了将视频转换为GIF格式文件的功能。将视频转换为GIF的具体操作步骤如下。

步骤1 在视频编辑界面中，点击视频参数设置选项。

步骤2 在视频参数设置界面中，选择【GIF】选项，如图5-55所示。

图5-55　GIF参数选择

步骤3 根据需求选择GIF的参数，并点击【导出】按钮，即可完成GIF导出。剪映为用户提供了240P、320P和640P三种参数以供选择。

• 课堂范例 •

使用剪映为视频自动添加字幕

对于对话内容较多的视频，添加字幕是一件工作量巨大的工作，不仅要逐字逐句地将对话转化成文字，还要把这些文字放到对应的视频段落上。一条两分钟的对话视频，通过手工添加字幕的方式往往需要1~2小时才能完成，这种效率显然不能满足短视频高效生产的要求。剪映为了提高短视频制作的效率，为用户提供了自动识别对话生成字幕的功能，大大降低了视频剪辑人员的工作强度。使用剪映自动生成字幕的具体操作步骤如下。

步骤① 在手机端打开剪映App，导入需要剪辑制作的视频。

步骤② 在视频编辑界面中，选择【文字】选项，进入文字工具菜单栏。

步骤③ 在文字工具菜单栏中，选择【识别字幕】选项，如图5-56所示。

步骤④ 在识别字幕操作界面中，选择【仅视频】选项，然后点击【开始匹配】按钮，如图5-57所示。等待数十秒后，系统将为视频自动添加字幕，并且字幕出现的时间与视频中的对话段落时间吻合，如图5-58所示。

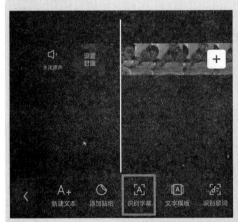

图5-56 识别字幕入口

图5-57 识别字幕

步骤⑤ 点击视频画面中的字幕，拖动画面中的文本框，调整文字在画面中出现的位置和文字大小，如图5-59所示。

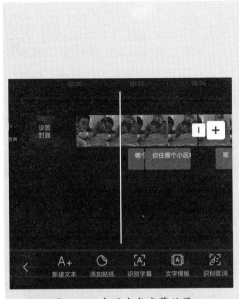

图 5-58　自动生成字幕效果

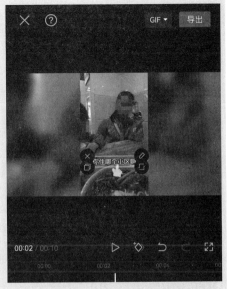

图 5-59　调整文字位置和大小

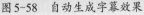

温馨提示

剪辑除了帮助用户将对话内容自动生成字幕，还可以将视频中的歌词也自动生成字幕。其操作方法非常简单，用户只需在文字工具菜单栏中选择【识别歌词】选项即可，如图 5-60 所示。

图 5-60　识别歌词

5.3　短视频剪辑的进阶技巧

除了基础的视频剪辑方法，还有一些对视频画面效果具有极大提升的剪辑技巧，下文中将为读者展示部分实用性极强，使视频效果更加生动的剪辑技巧，以供学习。

5.3.1 ▶ 调整画面色彩

调整画面色彩用于修饰视频画面，可以让原本昏暗的画面变得更加色彩绚丽，极大地提高用户的观看效果。剪映也为用户提供了极其方便的调色功能，在视频编辑界面中，选择【调节】选项，进行参数选择，如图5-61和图5-62所示。

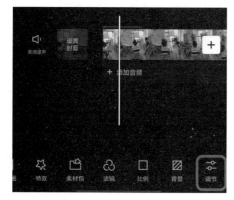
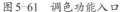

图 5-61　调色功能入口　　　　　　　图 5-62　选择调色参数

【调节】功能中拥有大量的参数，每个参数的调整都对画面的画质有影响。

（1）亮度：调节亮度可以改变视频的整体明暗程度，使视频更加清晰或更加柔和。调节亮度也可以增强视频的可视性，让画面更加生动、丰富，还可以强调画面中的某些元素，让它们更加醒目。在拍摄视频时，光线情况可能不尽如人意，调节亮度可以修复一些曝光不良的问题，让画面更加平衡，也可以改善画面中的阴影，增加画面的层次感。此外，在视频中适当地调整亮度可以增强画面的视觉效果，从而提高观众的视觉体验。亮度参数调节得越高，画面亮度越高，反之画面越暗淡。

（2）对比度：调节对比度可以改变视频中相邻颜色亮度差异的强度，从而影响画面的明暗对比度。适当地调整对比度可以让画面更加鲜明、生动，使画面中的元素更加突出，增强画面的视觉效果。具体来说，增加对比度可以使亮部更亮，暗部更暗，从而增加画面的明暗对比度，让画面更有立体感。这种效果尤其适用于展示细节和纹理丰富的场景，比如，自然风景、人物特写等。减少对比度可以让画面更加柔和，降低画面的亮度和明暗对比度，从而营造出一种柔和、朦胧的氛围。这种效果通常适用于柔美的场景，比如，夜景、梦幻场景等。需要注意的是，对比度调整过度可能会导致画面失真，因此调整时需要注意把握好度，参数调节得越高，暗部越暗，亮部越亮。

（3）饱和度：调节饱和度可以增加或减少画面中的颜色饱和度，影响画面的色彩鲜艳程度。适当地调整饱和度可以使画面更加生动、有趣，让色彩更加鲜明，使画面更加具有视觉吸引力。具体来说，增加饱和度可以使颜色更加鲜艳，增加画面的色彩饱和度。这种效果适用于需要强调色彩的场景，比如，艳丽的花卉、明亮的天空等。减少饱和度可以使颜色更加柔和，降低画面的色彩饱和度，从而营造出一种柔和、朦胧的感觉。这种效果适用于需要弱化颜色的场景，比如，沉静的湖面、落日余晖等。需要注意的是，饱和度调整也需要把握好度，过度调整可能会使画面失真。此外，在进行饱和度调整时，需要注意不同颜色之间的平衡，避免出现色彩失衡的情况。

（4）锐化：调节锐化可以增加画面中边缘和细节的清晰度，使画面更加锐利和清晰。适当地调整锐化可以提高画面的细节呈现能力，使画面更加生动和逼真。具体来说，增加锐化可以使画面中的细节更加清晰，比如，增强画面中的纹理、细节和边缘，使画面更加锐利和有质感。这种效果适用于需要强调画面细节的场景，比如，自然风景、建筑物等。减少锐化可以使画面更加柔和，降低画面的锐利度，使画面看起来更加平滑和柔和。这种效果适用于需要弱化锐利度的场景，比如，人物特写等。需要注意的是，锐化调整不宜过度，过度调整会导致画面出现锯齿和瑕疵，影响画面的视觉效果。此外，在进行锐化调整时，也需要注意不同场景和素材的适宜度，避免出现过度锐化或锐化不足的情况。

（5）高光：调节高光可以改变画面中亮部的亮度和细节呈现，使画面的高光部分更加饱满、清晰。适当地调整高光可以提高画面的细节呈现能力，增强画面的真实感和立体感。具体来说，增加高光可以使高光部分更加亮丽、饱满，增强画面的真实感和立体感。这种效果适用于需要强调高光部分的场景，比如，阳光明媚的场景、水面反射等。减少高光可以降低画面中高光部分的亮度和对比度，使画面更加柔和、平衡。这种效果适用于需要减弱高光的场景，比如，光线太强的情况、过曝的场景等。需要注意的是，高光调整过度可能会导致画面失真，因此调整时需要注意把握好度。此外，高光调整也需要结合画面的整体效果来进行，避免出现不协调的情况。

（6）色温：调节色温可以改变画面中的色彩氛围和色调，调整画面整体的色彩温度。适当地调整色温可以让画面更加生动、有趣，增强画面的情感表现力。具体来说，调高色温可以使画面中的色彩呈现出偏向暖色调的效果，增加画面的温暖感，适用于需要强调暖色调的场景，比如，日落、灯火辉煌的城市夜景等。

调低色温可以使画面中的色彩呈现出偏向冷色调的效果，增加画面的清凉感，适用于需要强调冷色调的场景，比如，冬日冰雪、寒冷的月光等。需要注意的是，色温调整过度会影响画面的真实感和自然感，因此调整时需要注意把握好度。

（7）色调：调节色调可以改变画面中不同颜色的饱和度和色彩的强度，调整画面整体的色彩风格。适当地调整色调可以让画面更加丰富、生动，增强画面的视觉效果和情感表现力。具体来说，提高色调可以使画面中的颜色更加饱和、鲜艳，增加画面的视觉冲击力和表现力，适用于需要强调颜色的场景，比如，花海、孩子的玩具等。降低色调可以使画面中的颜色更加柔和、舒适，减少画面的视觉冲击力，适用于需要减弱颜色的场景，比如，静谧的自然风景、淡雅的艺术画等。

（8）褪色：调节褪色可以弱化画面色彩，参数调节得越高，画面色彩越灰暗，使其看起来更加陈旧、褪色和复古。适当地调整褪色可以给画面带来一种复古、怀旧的感觉，增加画面的艺术感和情感表现力。

（9）暗角：调节暗角是指对画面四周的暗部进行处理，使其向画面中心逐渐变亮，达到一种明暗对比的效果。适当地调整暗角可以增加画面的立体感和层次感，提高画面的表现力和美感。暗角参数调节得越高，画面4个角的暗淡区域越大，反之越小。

大师点拨

在实际的视频调试工作中，并非每项参数设置得越高越好，而是需要根据原始视频的质量和呈现需求进行参数选择。对于调色的初学者，可以逐步调节各项参数，直至画面质量最优为止。

5.3.2 ▶ 添加画中画

添加画中画，是指在主画面中添加其他画面，两段视频内容出现在同一画面中，形成一种同时呈现多个画面的效果。添加画中画有以下几个作用。

（1）增强画面信息量：通过添加画中画，可以同时呈现多个画面，增加画面的信息量，使观众可以更加全面地了解视频内容。

（2）强化画面对比度：为画中画设置透明度或模糊度，可以强化主画面和嵌入画面之间的对比度，提高画面的视觉效果。

（3）切换画面角度：在一个视频中使用画中画，可以让观众同时看到不同角度的画面，更加全面地了解视频内容。

（4）强化情感表现：通过画中画，可以在主画面中嵌入一些与主题相关的细节画面，比如，人物的微表情、环境的变化等，加强情感表现。

使用剪映添加画中画的具体操作步骤如下。

步骤 1 进入剪映App的视频创作界面，在工具栏中选择【画中画】选项，如图5-63所示。

步骤 2 在【画中画】功能中，选择【新增画中画】选项，如图5-64所示。在视频列表中选择需要的视频进行添加。

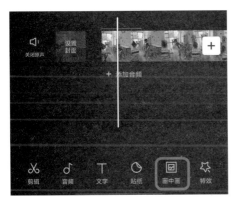

图5-63 画中画功能入口

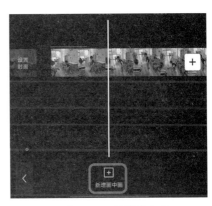

图5-64 新增画中画

步骤 3 双指缩放画中画的大小，并将其拖动到需要放置的主画面位置，如图5-65所示。

步骤 4 添加画中画后，在视频创作界面中会出现一条新添加的视频轨道。选中该条视频轨道，将其拖动至需要在主画面中出现的时间段即可，如图5-66所示。

图5-65 缩放并移动画中画

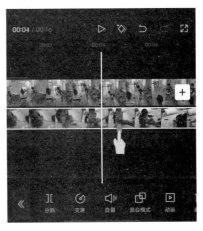

图5-66 调整画中画出现时间

5.3.3 ▶ 添加定格画面

定格画面又称为画面停帧，是指在视频播放过程中，突然画面静止一定时间，但在此期间背景音效、配音却继续播放。添加定格画面有以下几个作用。

（1）强调画面信息：通过定格画面，可以将某一帧的画面固定住，使其在视频中突出显示，让观众更容易注意到其中的信息，加强画面表现力。

（2）节奏控制：在视频中添加定格画面，可以使视频更加有节奏感和层次感。

（3）视觉效果：通过定格画面的方式，可以在视频中添加一些艺术性的效果，比如，黑白效果、调整色调等，使画面更具视觉冲击力和艺术感。

（4）提高观影体验：在某些需要强调画面情感表达的场景中，使用定格画面可以让观众更好地感受画面中的情感和氛围。

使用剪映添加定格画面的具体操作步骤如下。

步骤 1 进入剪映App的视频创作界面，选中视频轨道，将进度指针移动到需要定格的视频时间点。

步骤 2 在下方工具栏中，选择【定格】选项，如图5-67所示。

步骤 3 剪映默认的定格时间为3秒，用户可根据实际需求调整定格时长。选中定格的视频端，左右拖动视频框最右侧调整时长，如图5-68所示。

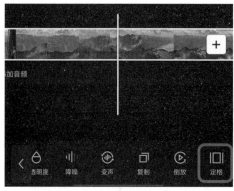
图 5-67　画面定格

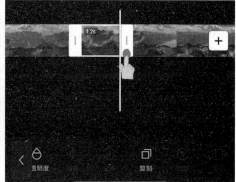
图 5-68　调整定格时长

5.3.4 ▶ 添加蒙版

蒙版就是蒙住视频画面的一部分，对画面进行效果编辑时，蒙版部分将不受影响。在剪辑视频时，添加蒙版通常有以下作用。

（1）调整画面形状：蒙版可以用来调整画面形状，将画面剪裁成需要的形状，比如，圆形、三角形等。

（2）遮挡部分画面：蒙版可以用来遮挡画面的一部分，比如，遮挡身份、遮挡不想让观众看到的物体或区域等。

（3）创建特效：蒙版可以用来制作各种特效，比如，光晕、镜像等。

（4）叠加图片或视频：蒙版可以用来叠加其他图片或视频，从而实现一些有趣的效果。

蒙版常用于各种特效的制作，下面以制作两段风景画面的融合为例，讲解添加蒙版的具体操作步骤。

步骤 1 在原始视频中添加画中画，并将添加的画面大小调整为与原视频画面大小一致。

步骤 2 选中新增的视频轨道，在下方工具栏中选择【蒙版】选项，然后选择【线性】选项，如图 5-69 所示。此时画面上下部分分别为两段视频中的不同内容。

步骤 3 向下拖动蒙版分割线，对蒙版进行羽化，如图 5-70 所示。添加蒙版前后画面对比如图 5-71 和图 5-72 所示。

图 5-69　添加线性蒙版

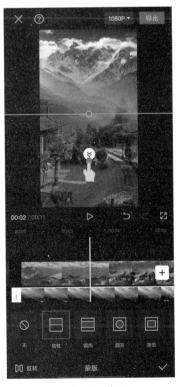

图 5-70　蒙版

零基础学短视频 一本通 内容策划 + 拍摄制作 + 后期剪辑 + 运营推广

图 5-71　添加蒙版前　　　　　　　　图 5-72　添加蒙版后

• 课堂范例 •

运用调色功能优化风景视频画面质量

　　在运用手机进行短视频拍摄时，由于受到手机性能和光线的影响，画面质量具有较大优化空间。在编辑视频时往往通过调色提升画面质量，以下这套调色参数设置，对大多数风景画面具有明显的提升效果。

　　步骤❶ 在剪映的【调节】功能中，将对比度参数调整为+15，如图5-73所示。

112

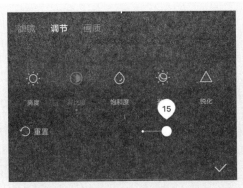

图 5-73 对比度参数

步骤 ② 将饱和度参数调整为 +20，如图 5-74 所示。

步骤 ③ 将光感参数调整为 -10，如图 5-75 所示。

图 5-74 饱和度参数

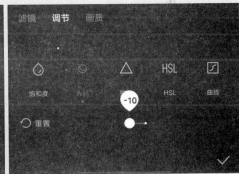

图 5-75 光感参数

步骤 ④ 将锐化参数调整为 +20，如图 5-76 所示。

步骤 ⑤ 将色温参数调整为 -10，如图 5-77 所示。

图 5-76 锐化参数

图 5-77 色温参数

步骤 ⑥ 在【滤镜】功能中，添加【绿妍】滤镜，如图 5-78 所示。

图 5-78　绿妍滤镜

5.4 剪映中常用的AI功能

　　剪映作为一款视频剪辑软件，具有一定的智能性，其目的是帮助视频创作者快速生成原创视频或图片。前面提到的"识别字幕"就是一种剪映自带的AI功能。剪映中关于视频和图片生成的AI功能主要包括一键成片、图文成片、AI创作。下面具体讲解这些功能的使用方法。

5.4.1 ▷ 一键成片快速生成视频

剪映的【一键成片】功能能够帮助用户快速、便捷地生成一个具有完整剧情和吸引力的视频作品，无须烦琐的编辑过程，便能展示出专业水准的成品。一键成片的具体操作步骤如下。

步骤❶ 在手机端打开剪映 App，进入剪映首页，选择【一键成片】选项，如图 5-79 所示。

步骤❷ 选择需要进行剪辑的原始视频，并在文本框中输入剪辑要求，如图 5-80 所示。完成后，点击【下一步】按钮。

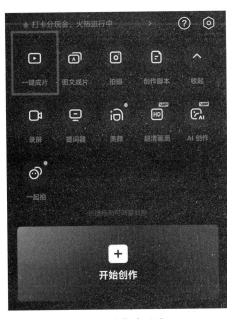

图 5-79　一键成片功能入口

图 5-80　导入素材

步骤❸ 在【推荐模板】中选择适合自己主题风格的模板，如图 5-81 所示。

步骤❹ 选择模板中的【点击编辑】选项，进入视频编辑功能，还可以根据需要对一键成片的结果进行自定义编辑，包括调整剪辑顺序、裁剪画面、添加文字、更换字幕样式等。用户可以根据自己的创意和要求进行细微的调整和个性化编辑，如图5-82所示。

图5-81　选择模板　　　　　　　　　　　　图5-82　自定义编辑

步骤⑤ 完成自定义编辑后，点击【导出】按钮，设置视频参数，完成视频导出。

5.4.2 ▶ 图文成片快速生成视频

剪映中的【图文成片】功能，是指用户输入文案内容，剪映按照文案的含义，自动生成图片类型的视频。图文成片的具体操作步骤如下。

步骤❶ 在手机端打开剪映App，进入剪映首页，选择【图文成片】选项，如图5-83所示。

步骤❷ 选择视频生成方式，并在文本框中输入文案标题和内容，点击【生成视频】按钮，如图5-84和图5-85所示。

步骤 **3** 自定义编辑生成视频中不合理的内容后，点击【导出】按钮，完成图文成片视频制作，如图5-86所示。

图 5-83　图文成片功能入口

图 5-84　选择视频生成方式

图 5-85　输入标题和内容

图 5-86　视频编辑与导出

117

5.4.3 ▶ AI创作快速绘画

AI创作是剪映在2023年加入的AI智能绘画功能，它是一种"图生图"的绘画功能。该功能可以根据用户的文字描述和原始图片，重新生成一张全新风格的图片。AI创作的具体操作步骤如下。

步骤❶ 在手机端打开剪映App，进入剪映首页，选择【AI创作】选项，如图5-87所示。

步骤❷ 选择需要优化的原始图片，并输入描述词，如图5-88所示。

步骤❸ 点击【生成】按钮，完成"图生图"制作后进行图片保存。AI创作后的效果如图5-89所示。

图5-87　AI创作功能入口

图5-88　导入原始图片并输入描述词

图5-89　AI创作效果

课堂问答

通过本章的学习，读者对短视频剪辑制作有了一定的了解，下面列出一些常见的问题供学习参考。

问题1：如何运用剪映裁剪视频？

答：裁剪视频是通过剪映中的【分割】功能来实现。首先在视频中选择裁剪部分的起始点，点击【分割】按钮；然后选择裁剪部分的结束点，点击【分割】按钮；最后删除该部分。

问题2：添加视频转场有什么作用？

答：视频转场是镜头与镜头之间的切换效果。它主要用于从一个场景转换到另一个场景的过渡，可使场景过渡不再生硬，提高视频的观看体验感。

课后实训

通过本章内容的学习，请读者完成课后实训任务。可以结合任务分析及任务步骤进行操作，以巩固本章所讲解的知识点。

任务1：为视频添加入场动画和出场动画

【任务分析】入场动画和出场动画也属于一种视频特效。入场动画是指视频开始时的动画特效，出场动画则是指视频结束时的动画特效。通常入场动画和出场动画可以使用添加特效的方法进行添加，但剪映为了方便用户操作，提高工作效率，设置了快捷添加入场动画和出场动画的功能。

【任务目标】通过实操掌握添加入场动画和出场动画的方法。

【任务步骤】具体操作步骤如下。

步骤❶ 在剪映App的视频创作界面中，点击选中视频进度条。

步骤❷ 在下方的工具菜单栏中，选择【动画】选项，如图5-90所示。

步骤❸ 在入场动画菜单栏中，选择需要的动画特效，并拖动下方的时间条，确定入场动画的播放时长，如图5-91所示。

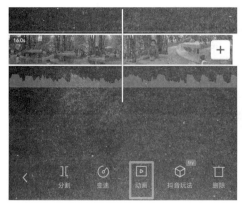

图 5-90　动画添加入口

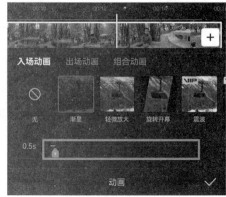

图 5-91　添加入场动画

步骤❹ 选择【出场动画】选项，进入出场动画菜单栏，选择需要的动画特效，并拖动下方的时间条，确定出场动画的播放时长，如图 5-92 所示。最后点击【√】按钮，完成入场动画和出场动画的添加。

图 5-92　添加出场动画

任务2：制作一段"人慢车快"的短视频

【任务分析】在拍摄与剪辑制作"人慢车快"视频时，会运用到画中画、蒙版、视频调速、动感模糊特效等剪辑技巧。

【任务目标】通过实操掌握添加画中画、蒙版和特效的方法。

【任务步骤】具体操作步骤如下。

步骤❶ 在马路边固定手机，拍摄 5 秒人物从镜头前走过的画面。

步骤❷ 用同样的固定机位拍摄 30 秒车流在镜头前穿梭的画面。

步骤3 将车流穿梭的视频导入剪映，并选择【剪辑】→【变速】选项，将视频播放速度设置为20倍，点击【√】按钮，如图5-93所示。

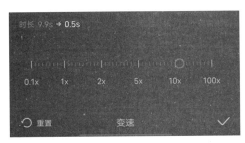

图5-93 变速

步骤4 选择【特效】选项，添加【动感模糊】特效，点击【√】按钮，如图5-94所示。

步骤5 选择【画中画】选项，添加人物从镜头前走过的视频，并调整画面大小与车流穿梭画面大小相同，如图5-95所示。

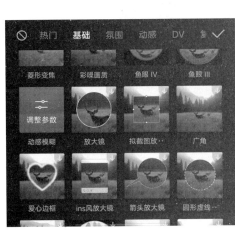

图5-94 动感模糊特效

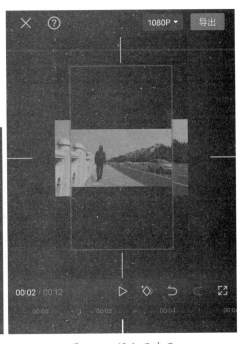

图5-95 添加画中画

步骤6 选择【蒙版】选项，选择【矩形】选项，调整蒙版大小至刚好包住人物即可，如图5-96所示。

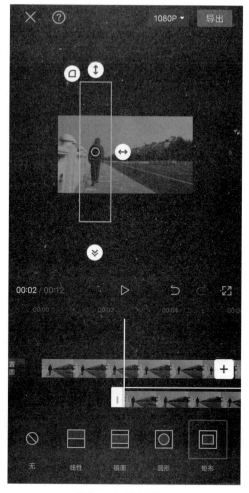

图 5-96 添加蒙版

步骤 7 移动蒙版，对蒙版进行羽化即可。

 知识能力测试

本章讲解了短视频剪辑软件和剪辑制作方法的相关内容，为了对知识进行巩固和考核，请读者完成以下练习题。

一、填空题

1. 短视频编辑中的音效包括 _____ 、 _____ 、音响等。

2. 运用剪映在短视频中添加字幕，主要通过_____功能中的_____来实现。

3. 定格画面又称为画面停帧，是指在视频播放过程中，突然_____一定时间，但在此期间背景音效、配音却_____。

二、判断题

1. 添加画中画，只需同时导入两段视频即可完成。（　　　）

2. 竖屏拍摄的视频选择9:16比例，横屏拍摄的视频选择16:9比例。（　　　）

3. 在不受播放设备性能限制的前提下，视频帧率越高就越清晰。（　　　）

三、选择题

1. 要想使用其他视频中的音乐，可以直接使用剪映中的（　　）功能。

A. 导入音乐　　　　　　　　B. 提取音乐

C. 负责音乐　　　　　　　　C. 录制音乐

2. 视频画面昏暗，画质低下，可以通过剪映的（　　）功能进行画质优化。

A. 调色　　　　　　　　　　B. 特效

C. 滤镜　　　　　　　　　　D. 转场

3. 在主视频中需要引入其他视频画面进行内容提示，可以使用剪映的（　　）功能。

A. 特效　　　　　　　　　　B. 音频

C. 滤镜　　　　　　　　　　D. 画中画

第6章

短视频的内容策划与定位

在短视频发展初期，创作者极易获得平台的流量扶持。但随着从业人员的不断增加，全网每天生产的内容高达数千万条。在如此巨大的竞争面前，要想脱颖而出，短视频拍摄前对内容的策划、规划就必不可少。本章将指导读者全面了解短视频的内容策划与定位工作。

学习目标

● 掌握账号注册和账号信息策划的方法　　● 了解什么是流量密码
● 掌握内容定位的方法

6.1 短视频的账号策划

从事短视频行业，首先要注册短视频平台账号和完善账号信息。账号信息是对短视频方向和博主信息的基本介绍。在完成账号注册后，就需要填写账号信息，这个环节需要清晰表达账号主体的价值方向，方便其他用户了解账号里的内容是什么。下面以抖音为例，展示账号注册和账号信息策划的方法。

6.1.1 ▶ 短视频账号注册

注册短视频平台账号是从事短视频工作的第一步。目前各大短视频平台均开通了快捷注册账号的方法，用户只需要通过输入手机验证码即可完成注册。

① 注册抖音平台账号

以抖音为例，账号注册的具体操作步骤如下。

步骤① 首先在手机端下载并安装抖音App，进入抖音主界面，选择屏幕底部的【我】选项，如图6-1所示。

步骤② 进入抖音登录注册界面，直接输入手机号码，点击【获取验证码】按钮，在弹出的图片验证码字符里直接输入，点击【确定】按钮，输入手机收到的验证码，输入后直接点击下面的【验证并登录】按钮即可注册成功，如图6-2所示。

温馨提示

注册抖音账号必须提供实名认证的手机号码，且一个手机号码只能注册一个抖音账号。目前抖音账号分为个人账号和企业账号两种类型。其中，注册企业账号不仅需要手机号码，还需要提供企业营业执照和相关资质。

图6-1 抖音首页　　图6-2 抖音注册登录界面

125

2 注册视频号

视频号的注册方法与抖音有较大区别，但更加便捷。微信用户只需要在微信【发现】界面选择【视频号】选项，如图6-3所示。微信系统将自动为用户开通发表功能，如图6-4所示。

图6-3 视频号入口

图6-4 视频号开通发表功能

6.1.2 ▶ 短视频账号的信息策划

完善短视频账号信息非常重要，因为它可以帮助你提高在平台上的曝光率和用户黏性，也能够让其他用户更容易地了解你和你的内容。具体来讲，一个短视频账号具有完善信息的重要性有以下几点。

1 增加曝光率

短视频平台的算法往往会优先推荐信息完善的账号，因为这些账号往往更具有可信度和可靠性，因此在账号信息上花费一些时间和精力可以帮助你吸引更多的观众和粉丝。

2 增强用户黏性

完善账号信息可以让你与观众建立更紧密的联系，同时让他们更容易找到和关注你。如果你的账号信息不完善，观众可能会缺乏了解你的渠道，导致他们减少持续关注和在平台上的时间和互动。

3 提高专业性和信任感

完善账号信息可以让其他用户更容易地了解你和你的内容，从而增强你的专业性和对你的信任感。当其他用户了解了你的背景、资质、经验和其他信息时，他们更容易相信你的内容，也更有可能与你建立长期的关系。

4 增加商业机会

如果你是一位短视频博主或创作者，完善账号信息可以让你更容易地与品牌或合作伙伴合作。许多品牌和合作伙伴都会查看你的账号信息，以确定你的背景、经验和受众，从而决定是否与你合作。

完善账号信息并非单纯地填写各项信息，创作者需要通过账号信息告诉目标用户：我是谁、我有什么特点、我在哪、我是干什么的、我能带来什么价值。通常账号信息主要包括名字、头像、性别、年龄、地址、学校、背景图、简介。其中，名字、头像和简介是整个账号信息中最核心的部分。

优秀的账号信息就像是人的名片，可以在极短的时间内让用户认识和记住你，由此可见设置账号信息的重要性。当然设置账号信息也有一定技巧，不同的信息栏传达不同的信息，如图6-5所示。

账号头像主要用于展示主体形象，尽量使用真实的账号主角照片，避免使用风景照等。真实照片可以增加用户的信任感。账号背景应选择与短视频内容相关的场景，比如，"三农"账号可以选择乡村美景或农作物作为背景。

优秀的账号昵称需要较强的记忆度，并告诉用户"我是谁"。账号介绍不宜字数过多，但需要告诉用户3个信息：我是干什么的、我能带来什么价值和我的信任背书。比如，抖音知名"三农"账号"××耕田"在账号介绍时只用了34个字，就很好地给用户传递了这些信息，如图6-6所示。

图6-5 账号信息设计

图6-6 优秀账号介绍案例

• 课堂范例 •

运用ChatGPT完成账号介绍创作

ChatGPT是由OpenAI开发的人工智能语言模型，它基于GPT（生成式预训练模型）技术，能够理解自然语言并生成与之相应的文本回复，被用于回答问题、进行对话、创作文本等任务。ChatGPT也可以用于新媒体文案创作，其中就包括账号介绍的撰写，具体操作步骤如下。

步骤❶ 在手机端登录ChatGPT，在对话框中输入需求，并点击▶按钮，如图6-7所示。

步骤❷ 按照ChatGPT的提示回答账号名、内容类型、和特点等信息，如图6-8所示。

步骤❸ 回答账号名、内容类型、特点等信息后，ChatGPT反馈的账号介绍如图6-9所示。

步骤❹ 根据需求和ChatGPT的回复信息来优化账号介绍，形成最终的账号介绍文案，如图6-10所示。

图 6-7　ChatGPT新建任务

图 6-8　输入需求

图 6-9　符合特点的账号介绍

图 6-10　优化后的账号介绍

6.2 对标账号的收集与分析

俗话说"知己知彼，百战不殆"，在短视频领域中向优秀的同行学习也是重要的策划工作。通过分析优秀账号，可以找到当前用户的喜好和流行趋势，我们把这种行为称为"收集分析对标账号"。

短视频对标账号是指在短视频领域中具有代表性、典型性或优秀性的账号。这些账号通常是短视频平台上受欢迎、拥有大量粉丝、具有高互动量和高质量内容的账号。可以通过研究这些账号，了解短视频领域的趋势和流行方向，从而制定更好的营销策略和内容创作计划。例如，在美妆领域中，一些知名的短视频对标账号可能是化妆师或美妆博主，他们的短视频内容可以包括化妆技巧、产品推荐等方面。

6.2.1 ▶ 第三方数据分析平台

短视频第三方数据分析平台是一种专门用于分析短视频平台数据的在线服务，提供数据分析、数据挖掘和数据可视化等功能。这些平台通常会通过API等方式获取短视频平台的数据，对数据进行分析和加工，然后以易于理解的方式展示给用户，帮助用户深入了解短视频平台的数据情况。目前各大短视频平台只能查看本账号内容的相关数据。创作者需要查询同领域竞争对手账号的数据，那么就需要运用第三方数据分析平台。

数据分析平台可以抓取各类平台中账号的粉丝数、作品数据、阶段性增粉量、带货数据、行业排行达人榜单、直播数据、粉丝画像等关键指标，可以依据这些数据指标进行短视频账号的内容分析、营销分析和运营分析。

内容分析是指分析不同类型、不同主题的视频的播放量、互动量、留存率等指标，帮助内容创作者了解用户对不同类型、不同主题的视频的偏好和反应。

营销分析是指分析广告的曝光量、点击率、转化率等指标，帮助广告主了解广告效果和受众反应，进而制定更精准的广告投放策略。

运营分析是指分析账号的日活跃用户数、月活跃用户数、留存率、用户活跃时段等指标，帮助平台运营者了解平台的运营情况和趋势，进而制定更有效的运营策略。

目前第三方数据分析平台众多，常见的平台如下。

（1）蝉妈妈（图6-11）：基于大数据的数字营销服务平台，为内容创作者提供全面、准确、实时的数据服务，包括用户画像、竞争对手分析、市场趋势预测等。同时基于数据分析提供精准的营销解决方案，包括数据分析、广告投放、社交营销、内容营销等。目标覆盖抖音、快手、视频号等多个短视频直播平台。

（2）飞瓜数据（图6-12）：一款短视频与直播数据查询、运营及广告投放效果监控的专业工具，提供短视频达人查询等数据服务，并提供多维度的抖音、快手达人榜单排名、电商数据、直播推广等实用功能。

图6-11　蝉妈妈

图6-12　飞瓜数据

（3）灰豚数据（图6-13）：短视频直播电商数据分析平台，提供多维度主播监测分析、直播间带货商品详细数据、各类榜单数据、竞店数据、品牌数据等。

图6-13　灰豚数据

第三方数据分析平台均需要购买会员才能使用。虽然第三方数据分析平台众多，但功能大同小异，创作者在选择时可以对比价格，选择性价比较高的平台来使用。

6.2.2 确定对标账号

选择对标账号是短视频账号运营的第一步，如果选择错误，可能会偏离自己的实际目标和受众群体，导致自己的账号发展方向与目标不一致，无法实现预期的效果。可能会学习到不适合自己的营销策略，导致自己的营销策略与实际情况不符，难以产生良好的营销效果。可能会选择一些行业内的大号作为对标对象，导致自己的账号与对标账号存在竞争关系，产生巨大的竞争压力，难以获得优势。可能会浪费大量的时间和资源在学习和模仿错误的账号上，导致资源浪费和效果不佳。

因此，在选择对标账号时，需要结合自己的实际情况，仔细考虑对标账号是否与自己的目标和受众相符合，以及是否适合自己的营销策略和发展方向。确定对标账号首先需要明确自己的目标受众群体，包括他们的年龄、性别、地域、职业、兴趣等，以及所在的社交媒体平台。然后需要分析自己所在的行业竞争对手，了解他们在社交媒体上的活动情况，包括他们的账号类型、粉丝数量、内容类型、互动情况等，以便进行对比。最后确定关键指标，例如，粉丝数量、互动率、转化率等，这些指标可以反映账号的影响力、活跃度和受众反应情况。结合以上几个因素，可以选择与自己账号类似、目标受众相似、关键指标较为接近的对标账号，以便进行比较和学习。同时，也可以选择一些行业内领先的账号作为参考，借鉴其成功经验和营销策略。

目前每个行业、方向都拥有数量巨大的短视频创作者，如何确定对标账号有着一定技巧。新手创作者在选择对标账号时不要选择头部账号，因为这些头部账号往往起号较早，属于短视频初期流量红利期的受益者。另外，这些头部账号为了维持高热度，往往在视频拍摄制作、引流推广上投入巨大，新手创作者很难效仿。最优的对标账号应该是起号时间在3个月以内，粉丝数在5万至50万之间，且近1个月增粉数量较大的账号。确定对标账号的具体操作步骤如下。

步骤 ❶ 打开微信小程序"飞瓜数据"，选择【涨粉榜】选项，如图6-14所示。

步骤 ❷ 在榜单类别中选择【成长榜】选项，如图6-15所示。

步骤 3 选择所处行业和榜单时间段，如图6-16所示。

图6-14　飞瓜数据涨粉榜

图6-15　飞瓜数据成长榜

图6-16　选择行业和时间段

步骤 4 查看榜单列表，按照前文中介绍的方法确定对标账号。

大师点拨

在选择对标账号时，需要研究分析榜单中符合要求的30至50个账号，从中找出10个最适合的账号，进行模仿或学习。

6.2.3 ▶ 分析对标账号

找到对标账号后，就要去分析它们为什么在近段时间能够迅速增粉。可以通过以下5个维度来分析对标账号。

1 分析粉丝画像

通过第三方数据分析平台，查看对标账号的粉丝数据。重点查看粉丝性别与年龄层次占比，如图6-17所示。这关系到创作者的目标粉丝是否与对标账号一致。

如果存在较大差异，证明对标账号的选择错误。其次需要查看粉丝的消费需求，如图6-18所示，以及粉丝感兴趣的领域，如图6-19所示。这关系到短视频商业变现是否与创作者设定的领域一致。

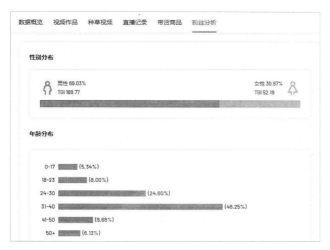

图6-17 粉丝画像

图6-18 粉丝消费需求分析

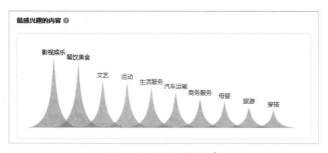

图6-19 粉丝兴趣分析

2 分析人设定位

分析人设定位的目的是选择人设的差异化。比如，人设同样是老师，对标账号的人设是"高冷严肃老师"，那么自己账号的人设可以确定为"暖心热情老师"，这就是人设上的差异化。

3 分析内容选题

选题是指发布内容的题目和类型。对标账号中热度较高的内容，其选题本身也具有较高热度，值得创作者学习模仿。

4 分析内容结构

内容结构的分析，需要从短视频的封面、表达方式、标题、内容标签、互动多个环节进行分析。可以将短视频拆分为3个阶段，第一阶段是视频前2秒和前5秒，分析对标账号前2秒和黄金5秒吸引粉丝的方法；第二阶段是正式内容，分析对标账号的表达方式；第三阶段是高潮共鸣阶段，分析对标账号与粉丝产生共鸣、共情的方法。

5 分析变现模式

对标账号的商业变现中的商品选择、价格、广告类型、商品销量都是值得分析的指标。其中，高销量的商品和高频次的广告都对创作者未来的商业变现具有指导性的意义。

◆ 课堂范例 ◆

运用第三方数据分析平台
查询"央视新闻"抖音账号运营数据

运用第三方数据分析平台查询账号数据，其中较为重要的参数项目主要是数据概览、主播记录、粉丝分析、带货商品。运用飞瓜数据查询、分析数据非常简单，具体操作步骤如下。

步骤 1 在PC端浏览器中打开"飞瓜数据"网站，在达人搜索中，输入"央视新闻"并点击【搜索】按钮。在搜索列表中，点击"央视新闻"账号，如图6-20所示。

图 6-20 达人搜索

温馨提示

由于受到手机性能和系统性能的影响，第三方数据分析平台的小程序往往功能不够全面。创作者可使用第三方数据分析平台的App或网站，查询更加完整的各项数据。

步骤 2 进入数据分析界面后，在【数据概览】中查询账号的基本数据，主要包括粉丝数据、粉丝趋势、视频数据、直播数据、近期动态等，如图6-21所示。

图 6-21 数据概览

步骤 3 选择【带货商品】选项，查看账号选品方向和商品销量等数据，如图6-22所示。由于"央视新闻"为官方新闻类账号，所以并无带货行为与数据。

图6-22　带货数据

步骤 ④ 选择【粉丝分析】选项，查看粉丝画像、消费分析、兴趣分析等数据，如图6-23所示。

图6-23　粉丝分析

 6.3 短视频的内容定位

短视频的内容定位是指确定短视频的内容特色和目标受众，以便制作和推广短视频。俗话说"定位定天下"，找准方向是从事短视频行业的第一要素。短视频的内容定位是指通过调研分析，明确短视频的拍摄制作方向。定位一旦确定，创作者需要在所选领域坚持创作，不可轻易更换方向。

通常短视频的内容定位包括目标受众分析、人设定位、内容方向定位、内容形式定位、内容风格定位等。

6.3.1 ▶ 目标受众分析

目标受众分析是指通过优劣势分析，找到希望吸引的群体。优秀的目标受众需要具备两个特点：目标群体具有多个清晰的共同特点和目标群体的基数庞大。

正确的目标受众定位需要创作者能够充分掌握和了解用户的心理，让短视频内容能够清晰地触达用户需求。在确定目标群体时切忌选择与创作者特性不匹配的群体，比如，创作者擅长的领域为白酒文化，而确定的群体和对应的内容风格却倾向年轻女性，显然这种目标群体定位是不正确的。

目标受众的共同特点分析，就是常说的"粉丝画像"。创作者通过对标账号的分析和自身能力特点的分析，首先明确主要用户的性别与年龄结构。切忌"男、女、老、少"通吃的定位思路。其次是分析目标受众的共同需求点，这些需求点往往就是用户痛点。在确定内容选题时，以这些需求为切入点，可以有效吸引目标受众的注意力。

进行短视频目标受众分析时需要考虑以下几个方面。

❶ 用户年龄

确定目标受众的年龄范围，例如，分享创业故事的短视频就更适合30～40岁的年龄段，因为该年龄段是创业的主力人群。

❷ 用户性别

确定目标受众的性别，例如，针对女性的短视频可能会更加注重美妆、服饰和母婴等方面。

❸ 用户所在地域

确定目标受众的地域，例如，针对某个特定地区的短视频可能会更加注重当地文化和语言。特别是本地生活类型的短视频，使用方言进行录制会增加用户的好感。

4 用户兴趣爱好

确定目标受众的兴趣爱好，例如，针对喜欢美食的人群可以制作美食相关的短视频。

5 社交平台

确定目标受众经常使用的社交平台，例如，针对抖音平台的用户可以制作更具有节奏感和时尚感的短视频。针对bilibili平台的用户可以制作二次元和游戏的短视频。

大师点拨

很多创作者在初期进行目标受众分析时，往往顾此失彼，不能全方位进行分析，从而使短视频内容在播放数据或变现能力上有所欠缺。所以，读者需要熟悉各个分析维度，也可以参考ChatGPT给出的关于短视频目标受众分析的建议，如图6-24和图6-25所示。

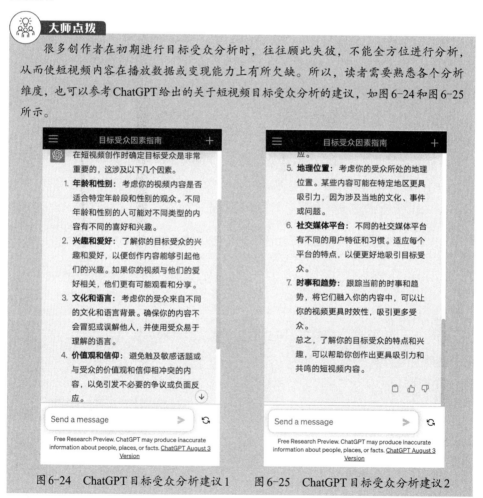

图6-24　ChatGPT目标受众分析建议1　　图6-25　ChatGPT目标受众分析建议2

6.3.2 ▶ 人设定位

人设定位是指创作者通过短视频传递给目标群体"我是谁、我有什么能力"等信息，即在短视频平台上所表现出的个人特质和风格。这些特质和风格包括但不限于用户的性格、兴趣爱好、生活方式、职业等。比如，短视频领域大咖人设、幼儿教育专家人设、游戏主播人设等。人设定位需要提炼出个性化的人物标签，需要具备极强的识别性，让目标用户能够快速记忆，并产生情感共鸣和形成传播效应。

在进行人设定位时一定要选择自己最擅长的领域，这样内容才会具有深度，使目标受众更加信服。

首先需要给自己取个响亮的名字。名字需要具有记忆性和联想性，常用的名字结构是行业加称呼，比如，饲养员老王，不仅涵括了行业和称呼，还能激发用户的好奇心，且方便记忆。

其次是账号的介绍，这是对名字的诠释。需要简单明了地告诉目标受众你的能力特点，如图6-26所示。

图6-26 人设定位

人设标签是选择一个人物特点进行放大，形成记忆点，通常可以通过以下6个特点来体现。

1 形象特点

形象特点是指根据自己的特质和优势，确定自己的个人形象定位，包括自己的外貌形象、穿衣风格、视频风格等方面。在进行人设定位时可以直接将这种形象特点植入账号昵称中，比如，长发张哥、红毛衣、龅牙珍等。

2 身份特点

身份特点是指选择自己的工作身份、社会身份进行人设定位，比如，饲养员老王、送外卖的张美女、老外克里斯、张警官等。

3 专业特点

专业特点是指选择自己擅长的知识方向进行人设定位，比如，虎哥说车、育儿张老师。

4 领域特点

领域特点是指选择自己擅长的领域或主要从事的行业进行昵称设计，比如，创业指挥家、开农场的大鱼。

5 地域特点

地域特点是指选择自己所在的地域名称进行昵称设计，比如，东北人在洛杉矶。

6 称呼特点

称呼特点是指选择具有特色和高识别性的名称进行昵称设计，比如，疯狂小杨哥。

6.3.3 ▶ 内容方向定位

内容方向就是指短视频到底拍什么。内容方向定位的第一要素是选择自己最擅长的领域进行创作。很多创作者在初期认为所有的领域都可以尝试，但这样做往往很难受到用户认同，并且由于内容质量不高，平台推荐量也很低。如今短视频领域竞争激烈，每个方向都拥有多个优秀的头部账号，只有在自己擅长的领域进行创作，内容才具有信服度，才能受到平台和用户的认同。

我们对所有内容方向进行总结，可以归纳出四大类型：行业知识类、娱乐类、才艺类、新闻类。其中，行业知识类中又包括知识分享、行业揭秘、产品介绍等，如图6-27所示。娱乐类包括搞笑剧情、影视剪辑、颜值展示、游戏等，如图6-28所示。才艺类包括美食制作、歌舞表演等，如图6-29所示。新闻类主要是各大主流媒体发布国际、国内

图 6-27　行业知识类账号

时事新闻，如图6-30所示。

图6-28 娱乐类账号

图6-29 才艺类账号

图6-30 新闻类账号

大师点拨

内容方向定位越细分越易存活。比如，创作者选择在服装领域中进行内容输出，那么可以将范围再进行缩小，选择更加垂直的商务男士的着装进行内容输出。这样定位后，在内容输出一段时间后，账号的粉丝总潜在用户比例较大。

6.3.4 ▶ 内容形式定位

内容形式定位是指内容以什么样的形态展示给用户。用户在选择内容形式时需要"量体裁衣"，部分形式在"人、财、物"方面的投入极大，并不适合所有的短视频创作者。目前主流的内容形式有以下几种。

1 剧情形式

剧情形式是以人物故事为核心，将内容思想传达给用户的一种表现方式，如图6-31所示。这类短视频往往制作成本巨大，无论是在拍摄还是在剧本创作上，都有着较高要求。特别是在创作的持续性上有着极大难度，很多剧情形式的账号因为没有更多的剧本而停更。但这种形式能很好地与用户产生共鸣，对用户的吸引力极强。剧情形式常用于搞笑娱乐类短视频、亲子互动类短视频、情侣生活类短视频、才艺展示类短视频的创作中。

❷ 知识口播形式

知识口播形式是指视频主角以语言讲解行业知识的一种短视频内容形式，如图6-32所示。这类短视频制作成本较低，往往一个人就能完成整个拍摄。创作者只需要固定拍摄镜头后，面对镜头进行语言表达即可。但这类短视频对创作者的语言表达能力、文案写作能力要求和镜头感要求极高。知识口播形式常用于行业知识分享短视频、专业技能讲解短视频的创作中。

图6-31　剧情类短视频

图6-32　知识口播类短视频

大师点拨

知识口播类短视频在需要真人出镜的短视频中是成本最低的一种，适合在某个专业领域中具有较强能力的创作者，也是最适合短视频新人的一种内容形式。

❸ 影视解说形式

影视解说既是一种内容形式，也是一种内容方向。它往往不需要真人出镜，视频画面主要以影视片段或体育比赛中的画面为主。影视解说形式主要是使用语言艺术来诠释、分析影视剧情或比赛过程，以此来吸引用户的关注和喜爱，如图6-33所示。影视解说类短视频制作成本较低，吸粉能力极强。但行业竞争激烈，从事影视剪辑解说的账号众多，且这类账号商业变现较难。

大师点拨

　　影视解说类短视频最大的难点在于影视的版权问题。由于没有获得版权方的授权，很多创作者在辛辛苦苦地剪辑解说后却不能获得流量，甚至被版权方起诉侵权。目前创作者可以在爱奇艺、优酷、腾讯视频申请片源，得到版权授权后再进行创作和发布。

4 图文形式

　　图文是一种比较传统的内容形式，但目前在短视频领域中也被大量应用，如图6-34所示。图文类短视频主要以图片配合文字解释，再加上背景音乐的形式展现。目前抖音专门推出了抖音图文计划，用户可以直接选择发布图片，不需要再单独将图片制作成视频，有效地弥补了图文类短视频不能选择观看的缺点。

5 Vlog形式

　　Vlog即视频播客，是创作者以视频的方式记录个人日志并进行发布，如图6-35所示。Vlog常用于记录创作者生活、工作中有趣、有意思的事件。相比剧情类短视频，Vlog类短视频具有更强的真实性。

图6-33　影视解说类短视频　　图6-34　图文类短视频　　图6-35　Vlog类短视频

143

6.3.5 ▶ 内容风格定位

内容风格是短视频呈现的一种特点，这种特点通常和视频主角的性格特征相吻合。比如，主角性格幽默，短视频表现搞笑，这就是一种风格。在进行内容风格设计时，可以遵循内容风格公式，如图6-36所示。

图6-36 内容风格公式

目前在短视频领域中最常见的风格主要有幽默表现风格、感性表现风格、美学表现风格、文化表现风格、科技未来表现风格、纪实表现风格等。

大师点拨

幽默表现风格：是指语言或行为有趣或可笑且又意味深长。幽默是思想、学识、品质、智慧和机敏在语言中综合运用的成果。幽默语言是运用意味深长的诙谐语言抒发情感、传递信息，以引起听众的快慰和兴趣，从而感化听众、启迪听众的一种艺术手法。

感性表现风格：是指通过表现情感和情感联想来打动观众的心灵，营造出温馨、感人、热血等情感氛围。

美学表现风格：是指通过画面的美学呈现、视觉构图和镜头运用等手法，强调美感和艺术性，塑造出高质感和高品位的形象。

文化表现风格：是指通过运用文化符号、历史事件或某个地方的文化元素等手法，展示出丰富多彩的文化内涵和深厚的文化积淀。

科技未来表现风格：是指通过科技元素和未来世界的设想，展示出科技进步和人类未来的美好前景，塑造出现代感和科技感十足的形象。

纪实表现风格：通过真实、生动的纪实场景和人物，展现出事实真相和真实的情感表达，打造出真实、生动的短视频形象。

创作者在选择风格时需要综合考量内容方向和内容形式，做到三者吻合，才是优秀的内容定位。将内容方向、内容形式和内容风格加到一起，也就是短视频内容定位公式，如图6-37所示。

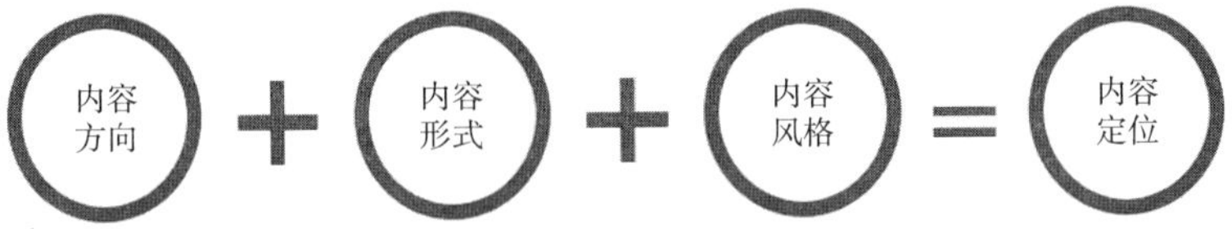

图6-37 内容定位公式

6.4 把握流量密码

"流量至上"这个词很多人都听过，流量是所有商业行为的基础。不仅互联网行业如此，餐饮行业等实体经济也是以流量为基础。即使做B端和G端项目的生意也需要储备大量的潜在客户，用于拓展商业领域。那么，打开流量这个宝箱的密码是什么呢？下文将具体讲解短视频领域的流量密码。

> **温馨提示**
>
> B端，B指的是"Business"，即企业或商家。它是面向商家、企业级、业务部门的服务产品，是间接服务于用户的。
>
> G端，G指的是"Government"，即政府，包括事业单位。它是面向政府部门的服务产品。

6.4.1 ▶ 了解短视频平台的需求

短视频平台本质上不是自己生产内容的，它只是给内容创作者提供一个内容发布的渠道，给内容需求者提供一个观看的渠道。由此可见，短视频平台是一种链接生产与需求的媒介，平台的参与者分别为平台运营者、内容创作者、内容需求者。短视频平台的利益获取完全取决于生产者与需求者双方参与的人数和参与的时间。

总结短视频平台的需求，即需要内容创作者吸引内容需求者进行更长时间的停留并使用平台进行内容消费。短视频平台的消费逻辑如图6-38所示，从图中可以看出，短视频平台需要内容创作者生产短视频内容，吸引内容需求者使用短视频平台。同时短视频平台再联合各类商家，利用短视频需求者使用平台的机会向其推销各类商品，这也是整个短视频行业的商业生态逻辑。

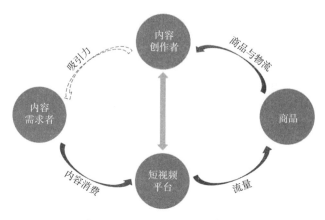

图 6-38　短视频平台的消费逻辑

6.4.2 ▶ 解读流量密码

　　"流量密码"是指第一时间吸引流量的因素。在短视频领域中，"流量密码"就是人性的需求点，也是吸引用户的关键点。"流量密码"就像磁铁，能让流量主动向内容汇聚，常见的流量密码如图 6-39 所示。在策划短视频时，需要在内容中含有至少一个"流量密码"，且"流量密码"需要是目标粉丝的需求点。

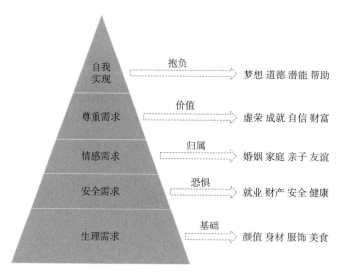

图 6-39　流量密码

 大师点拨

　　流量密码并不只适用于互联网行业。比如，传统的线下车展，使用大量年轻漂亮

146

的女性作为车模，这就是流量密码应用的典型案例。流量密码不一定是内容的主体，但必须是吸引用户的点。就像车展中的主角是各种新型汽车，而车模却成了吸引潜在用户去看车展的关键点，甚至车模的热度能直接给一款汽车带来更多的曝光。

图6-39以马斯洛需求层次理论为原型，针对不同需求层级，对应的流量密码也有所差异。比如，最初级的需求是生理需求，常见流量密码主要是视觉类的颜值、身材等，这类流量密码特别适合娱乐类短视频。另外，各个需求层级的流量密码并非只能针对该层级的用户使用，比如，讲解豪车知识的短视频对应的是尊重需求中的成就、虚荣、财富，但这类用户同样具有基础的生理需求。所以，在短视频中可以通过颜值和身材来吸引这类用户关注，这对于增加观看停留时长也有着积极作用。

课堂问答

通过本章的学习，读者对短视频内容定位与策划有了一定的了解，下面列出一些常见的问题供学习参考。

问题1：第三方数据分析平台可以查询哪些短视频相关数据？

答：第三方数据分析平台可以查询短视频账号信息、视频数据、粉丝画像、粉丝消费习惯、兴趣喜好、直播数据、带货商品数据和特定时间段内的增粉趋势等。

问题2：常见的短视频类型有哪几种？

答：短视频类型主要有行业知识类、娱乐类、才艺类、新闻类。常见的短视频形式有剧情形式、知识口播形式、影视解说形式、图文形式、Vlog形式。

问题3：在设计短视频账号信息时，需要给用户传达哪些信息？

答：在设计短视频账号信息时，需要表明：我是谁、我是干什么的、我有什么特点、我能带来什么价值。

课后实训

通过本章内容的学习，请读者完成课后实训任务。可以结合任务分析及任务步骤进行操作，以巩固本章所讲解的知识点。

任务1：设计知识口播类短视频策划方案

【任务分析】在策划短视频时首先要定位内容方向和表现形式，还需要明确使用的具体"流量密码"有哪些。创作者一定要多观看学习同类优秀短视频，在前期整体策划思路不明确时可以模仿优秀的同类作品，从而积累经验，找到最适合自己的表现形式。

【任务目标】掌握短视频策划的步骤和方法。

【任务步骤】具体操作步骤如下。

步骤① 明确要做什么，即"内容方向定位"。以创作者最擅长的领域为切入点，结合内容方向，明确"人设定位"。

步骤② 向优秀的同类短视频学习。通过第三方数据分析平台找出50个对标账号，仔细观看、分析它们的表现形式、短视频结构、选题和黄金3秒如何处理。

步骤③ 明确短视频的内容形式，即"内容形式定位"。需结合创作者的能力条件，切忌好高骛远。

步骤④ 明确短视频的内容风格，即"内容风格定位"。

步骤⑤ 设计短视频中的"流量密码"。"流量密码"一定要和目标粉丝的个性需求相吻合。

任务2：按照策划方案完善账号信息

【任务分析】账号信息给用户的第一印象点在账号昵称上，所以设计账号昵称最为重要。账号昵称需要按照内容方向，结合人设定位进行策划。

【任务目标】掌握短视频账号信息设计的方法与技巧。

【任务步骤】具体操作步骤如下。

步骤① 设计账号昵称。对于短视频新手，最好使用行业加称呼的昵称结构，避免模棱两可。

步骤 **2** 添加账号背景图。在添加背景图时要选择与内容方向一致或有关联的图片。

步骤 **3** 完善账号介绍。账号介绍可以是个人身份介绍和特点简介，也可以是账号主体近期的一些重大事件介绍或预告。但需要文字表述简练，切忌啰嗦冗长。

 知识能力测试

本章讲解了短视频策划与内容定位的相关事项，为了对知识进行巩固和考核，请读者完成以下练习题。

一、填空题

1. 通常分析对标账号需要分析：_____、_____、内容选题、_____、变现模式。

2. 人设定位时选择_____进行定位设计，是指选择人物的工作身份、社会身份进行人设定位。

3. _____是指视频主角以语言讲解行业知识的一种短视频内容形式。

二、判断题

1. 第三方数据分析平台可以查看对标账号的运营数据。 （　　）

2. 人设定位是指需要传递"我是谁、我有什么特点"等相关信息。 （　　）

3. "流量密码"是指第一时间吸引流量的因素。 （　　）

三、选择题

1. 粉丝画像中的数据项不包括（　　）。

　　A. 视频播放数据　　　　　　　　B. 年龄阶段

　　C. 性别比例　　　　　　　　　　C. 消费喜好

2. 在进行内容方向定位时，创作者首选方向为（　　）。

　　A. 兴趣爱好　　　　　　　　　　B. 热门方向

  C. 冷门方向   D. 最擅长的领域

3. 短视频内容定位公式是将（   ）、内容形式和内容风格进行整合。

  A. 用户画像   B. 流量密码

  C. 内容方向   D. 地域特点

第 **7** 章

短视频的选题创意与文案编写

为什么相同领域的短视频有的全网爆火，有的却无人问津？这里面除拍摄、剪辑、定位、主角外，还有什么因素在左右目标用户的关注度？这就是影响短视频"成绩"的另一重要因素——选题与文案。本章将带领读者深度了解利用选题与文案打造爆款短视频背后的逻辑。

7.1 短视频内容选题的创意方法

短视频选题是指在制作短视频时选择一个适合的主题或话题,并在此基础上进行创意的发挥和内容的呈现。选题对于短视频的制作非常重要,因为它直接关系到观众对于视频的兴趣和关注度。

短视频选题与短视频内容定位是两个不同的概念。选题是制定出单条视频具体、明确的拍摄内容,而内容定位则是对整个短视频的方向、主题、特点进行概括和描述,为短视频的创作提供了明确的方向和目标。

很多"萌新"短视频创作者,在创作初期脑袋里已经储备了很多想法,把要拍的内容规划得很完善,就等着火爆全网,功成名就。但在实际创作中,很快就才思枯竭。"下一期拍什么?"成为困扰短视频"老手"的头等大事。

> **大师点拨**
>
> 很多短视频粉丝数百万的达人账号停更,主要有两个原因。其一是商业变现没有达到预期,拍摄和运营的成本大于营收。其二是不知道拍什么了。这一点我们可以通过关注这些账号的更新频率得以发现。早期日更,中期周更,后期就不更新了。

7.1.1 ▶ 向爆款内容学习

学习借鉴是所有短视频创作者都在使用的一种选题方法。在学习爆款内容时,需要对内容的特点进行分类,对短视频的点赞量、评论量、收藏量、转发量进行排列。

短视频内容高点赞意味着话题更受用户欢迎,高评论意味着选题具有争议,而高收藏和高转发意味着选题对用户更有用和更有趣。在学习爆款时不能只关注高点赞的视频,而需要根据自身的内容定位进行分析。比如,知识分享方向的短视频需要多找收藏量较高的内容进行模仿学习。而且点赞量高并不意味热度高,如图7-1和图7-2所示。第一条视频的点赞高达3.6万,第二条视频的点赞只有1.1万,但第二条视频的评论、收藏和转发数据却远高于第一条视频。真实的后台数据显示,第二条视频的播放量远远高于第一条视频,回到实际的选题中就更应该学习模仿第二条视频。

图 7-1 高点赞视频

图 7-2 高评论、高收藏、高转发视频

大师点拨

在学习模仿时，不仅仅是选题，还应该仔细分析优质短视频，结合选题进行内容打造。可以把学习内容分解为标题、画面、背景音乐、台词四个维度。

在此需要特别提醒的是，短视频平台在判断内容是否抄袭时，主要是分析短视频的画面是否相同。所以，在文案和背景音乐上都是可以模仿优质短视频的。

7.1.2 ▶ 把握热点趋势

"热点"与生俱来就与"流量"相伴左右。对于短视频创作者而言，只要把握住了热点，就不担心没有流量，就能让单条短视频甚至一个账号平地起飞，这就是常说的"蹭热点"。那么，到底什么是"热点"？短视频领域的热点主要有3类，分别是热点事件、热点音乐、热点形式，其中热点形式又包括热点语言、热点动作、热点表情、热点剧情等。

热点事件可以在"抖音热榜"和"快手热榜"中查询，如图7-3和图7-4所示。热榜中排名靠前的事件，在平台上都拥有可观的流量。另外，热点事件也可以通过百度的搜索排行榜和微博的热搜榜进行查询。

大师点拨

目前各短视频平台热榜相似度极高，但根据平台用户性质的区别，各热榜也有所差异。创作者首选热榜应该以内容发布平台公布的热榜作为依据。

热点音乐也可以通过抖音的"音乐榜"进行查询，如图7-5所示。使用"音乐榜"中排名靠前的音乐作为短视频的背景音乐，更容易获得用户关注。

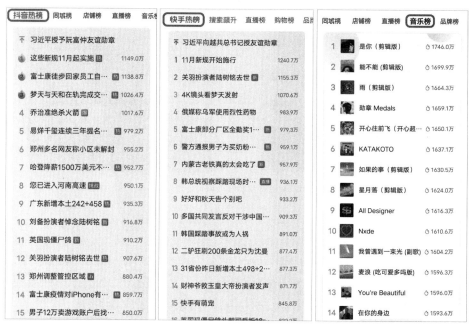

图7-3 抖音热榜　　　图7-4 快手热榜　　　图7-5 抖音音乐榜

各大短视频平台为了吸引更多的内容创作者，也会不定期推出些热点活动、热点话题供创作者参与。以抖音为例，其推出的"抖音二创激励计划"就属于平台官方的热点活动，参与的创作者按照平台要求进行短视频创作、发布，即可获得流量扶持甚至现金奖励，如图7-6所示。除此之外，抖音还专门推出了"创作灵感"功能，如图7-7所示。创作者可以在其中直接查看和自己所属行业相关的热点活动、热点话题、热点事件等。

图7-6　官方热点活动

图7-7　抖音创作灵感

短视频的"新人"应该更多地参加平台官方推出的热点活动。以抖音为例，查找官方活动的具体操作步骤如下。

步骤 1 在手机端打开抖音App，在【我】界面中选择【创作者服务中心】选项，如图7-8所示。

步骤 2 在【我的服务】界面中选择【成长中心】选项，如图7-9所示。

图7-8　创作者服务中心

图7-9　成长中心

步骤 **3** 根据创作者所属行业，选择具体的成长活动，如图7-10所示。

步骤 **4** 创作者参与热门话题，只需要在发布短视频时，在作品描述中通过"#"添加话题，如图7-11所示。

图7-10 成长活动列表

图7-11 添加话题

大师点拨

并非所有热点都适用于短视频内容创作，创作者需要选择目前粉丝关心的话题进行关联创作。比如，"中国电竞战队获得比赛冠军"的热点，就不适合目标粉丝为40～50岁女性的账号。

7.1.3 ▶ 深挖用户需求

"深挖用户需求"这句话看似很空洞，但背后却真实表达了"以用户关注点为选题方向"这一核心方法。用户需求调研是一个很庞大的工程，但在短视频领域中的具体操作方法并不难。用户的需求其实就藏在同类短视频的评论中。创作者可以翻阅自己短视频和同类短视频的评论区，用户的问题和痛点往往都在里面。评论区中用户普遍关注的问题就是用户的需求。很多创作者引出了用户的问题，如图7-12所示，却没有有效地解答、解决问题。那么，这种情况就是我们的选题方向。

另外，用户需求的变化往往与行业热点相吻合。所以，在进行选题时可以通过行业报告、媒体宣传和社交媒体来了解行业热点和趋势。

图7-12 评论区需求

 大师点拨

对于不知道如何选题的读者，可以通过寻找对标账号，模仿对标账号中的短视频进行拍摄。或者找到同行业的头部账号，模仿他们的拍摄内容。因为这些头部账号往往是行业的KOL，他们发布的短视频往往就是热点趋势，同时KOL对于用户需求的把握更加敏感和准确。

模仿头部账号的内容，可以获得不错的播放量，还不会违反短视频平台禁止抄袭的规定。在模仿的过程中能够提高创作者的"网感"和行业认知，为后续的纯原创内容积累丰富的创作经验。

 ## 7.2 给短视频取好标题的技巧

标题是短视频的名字，优秀的标题不仅能吸引用户，还能在搜索上获得更多的曝光机会。在自媒体领域中，很多优秀的创作者都会在内容标题上下足功夫。很多短视频"新人"在标题上费尽脑筋，却事与愿违。其实给短视频设计标题也有一定的技巧，甚至优秀的标题还有固定的结构。

7.2.1 ▶ 点出目标用户与需求

一个好标题的首要原则就是需要具有针对性。这条短视频针对的目标人群是哪类？创作者需要通过标题直击用户的内心，明确地告诉用户这条短视频是给谁看的。比如，"1米6的女生"，这一句就非常明确地说出了精准的目标人群。而且目标人群看到这句话的第一反应就是"这不就是我吗？"。

那么，目标人群的需求是什么？其实就是目标人群的痛点和利益点。1米6的女生，身高不算高。如何让自己看起来更加高挑，就是这个目标人群的痛点。那么，针对这个痛点给出解决办法，显然是会受到关注的。"1米6的女生也能拥有1米2的腿"，这就是一种标题的格式。

我们总结这类把目标用户与需求放在一起的标题格式为目标人群+需求。以这种格式为模板能够衍生出很多短视频标题，例如，应届毕业生该如何选择公司、40岁就长白头发怎么办。再比如，图7-13所示的短视频标题中，明确了这条短视频的受众是广大的普通人，同时标题还告诉大家即使普通人做这个行业也能拥有巨大流量和机会。

图 7-13　目标用户与需求类型标题案例

7.2.2 ▶ 提出问题

提出问题是一种引起受众思考，寻求解决办法的标题设计思路。其实问题也是用户的痛点或爽点。这类标题往往简单明了，比如，你的亚瑟是不是还在刮痧？这种标题中隐藏着用户希望自己的游戏角色也拥有"成吨暴击伤害"的爽点。

还有一种提出问题的方法是比较法。A为什么比B更……，这种标题结构具有极强的代入性，用户很容易就把自己代入B角色中。比如，换了这套铭文后为什么能秒杀脆皮？

提出问题的标题，其结构本质上是一种快速锁定目标用户的逻辑。比如，图7-14所示的标题中就锁定了目标用户是学生或学生家长。

7.2.3 ▶ 利益引导

图 7-14　提出问题类型标题案例

人性具有贪婪的弱点，大家都希望能有高收益的回报。在进行标题设计时可以对短视频内容中的价值进行量化，以此来吸引用户关注。比如，10天就能学懂短视频运营、学会这一点你也是大厨。

利益引导标题结构主要为成本+回报。其实在很多领域中，用户没有明确的成本认知，帮助用户对成本和收益进行分析，也能有效吸引用户关注。比如，学习短视频的课程收费99元，课时30天，每天1小时。标题可以设计为"每天3元，玩转短视频"。但需要注意的是，在进行标题设计时不能过于夸张，应本着实事求是的原则。这类标题适合直播电商和短视频带货的内容创作者，如图7-15所示。

7.2.4 ▶ 激发好奇心

每个人都有好奇心，听到秘密后内心都会产生满足感。窥探现象背后的秘密是人类的基础需求。在创作短视频标题时也可以利用好奇心打造爆款。

在这类标题的设计中可以直接使用奥秘、秘密、密码、解密等词汇。但既然是秘密，那知道的人就应该不多。所以，优秀的激发好奇心标题中需要描述秘密的程度，比如，这个瘦脸方法99%的人都不知道，再比如，图7-16所示的标题案例。另外，此类标题的短视频可以把揭秘环节放在视频的最后部分，这样能大大提高用户的观看时长。

激发好奇心类型的视频需要实事求是，最终需要给用户提供有价值的信息和知识。如果只是通过这类标题吸引用户，而不能给出"干货"内容，久而久之会失去用户的信任，用户甚至会将该账号列入黑名单。

图7-15　利益引导类型标题案例

图7-16　激发好奇心类型标题案例

7.2.5 ▶ 引用名人名言

引用名人名言，顾名思义，就是在标题中植入具有认知度的人物名字或经典语言。名人名言本身就具有较高的流量，自然也会给短视频带来更多的关注。常用的植入具有认知度的人物名字或经典语言标题结构：某某某+行为，比如，在某某某直播间卖爆的小零食。

图 7-17　引用名人名言类型标题案例

这类引用名人名言的标题类型，属于一种"蹭流量"的行为。往往用户观看到名人的名字就会停留观看，从而使短视频获得不错的播放量，如图7-17所示。此处的名人名言并非狭义的历史著名人物或经典语句，而是指在当下具有网络热度和流量的人和行为。比如，某位网红，放在历史长河中并非著名人物，但当下却具有较高的关注度或话题性，我们把这类人群统称为"名人"或"网络名人"。

大师点拨

以上讲解了多种短视频标题设计的思路和方法，但归根到底，优秀的标题需要紧跟用户的需求。创作者必须换位思考，多研究目标用户的痛点和爽点。切忌只管自己想说什么，不管对象想听什么。

● 课堂范例 ●

爆款短视频标题分析

短视频的标题主要在两个位置进行添加，一是添加在视频下部的视频描述区，二是作为视频画面的一部分直接添加在视频中，如图7-18所示。

图7-18中的标题"金属钠威力有多大"属于提出问题类型，但同时也通过标题激发了用户的好奇心。

图7-19中的标题"看完这个视频的女生都变成了美女"，属于典型的"目

标人群+需求"的标题结构。标题中的女生属于目标人群，变成美女属于需求。作者在标题中还加入了利益引导，"看完这个视频"就是变成美女的成本，显然看一条视频就能变成美女是一件投入回报率极高的事情。

图7-18　提出问题类型标题

图7-19　目标用户与需求类型标题

• 课堂范例 •

用ChatGPT生成短视频标题

在日常的短视频标题创作中也可以运用ChatGPT协助创作。在得到ChatGPT给出的标题建议后，根据实际需求进行优化，可以大大节省创作时间，提高创作效率。下面我们看看ChatGPT以"理财年收益10%"为基础内容，生成的各类型标题。目标用户与需求类型标题如图7-20所示，提出问题类型标题如图7-21所示，利益引导类型标题如图7-22所示，激发好奇心类型标题如图7-23所示，引用名人名言类型标题如图7-24所示。

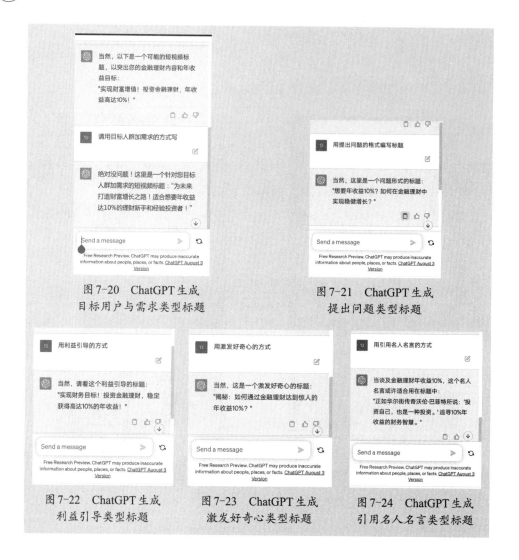

图7-20　ChatGPT生成
目标用户与需求类型标题

图7-21　ChatGPT生成
提出问题类型标题

图7-22　ChatGPT生成
利益引导类型标题

图7-23　ChatGPT生成
激发好奇心类型标题

图7-24　ChatGPT生成
引用名人名言类型标题

7.3 短视频文案的编写方法

　　短视频文案通常包含短视频中所有需要文字描述的内容，包括标题、对话内容、拍摄计划等。在实际工作中我们可以把这些文案内容都归纳到短视频脚本中。在短视频平台上，短视频文案是非常重要的元素，能够影响观众的点击率和观看时长。好的短视频文案可以吸引更多的观众点击观看，并帮助视频获得更高的曝光度。要创作优质的短视频，就需要事先编写好脚本文件，在拍摄和制作时按照脚本计划进行，才能做到有的放矢、了然于胸。

7.3.1 ▶ 什么是短视频脚本

短视频脚本是拍摄短视频所依据的大纲文件。在拍摄之前需在脚本文件中确定短视频的整体框架和拍摄计划，用于指导演员、摄影师、编导等工作人员进行视频拍摄和制作。所有参与短视频拍摄、剪辑的人员，包括摄影师、演员、道具师、服装师、后期剪辑师，他们的一切行为与动作都要服从于脚本。

好的短视频脚本能够指导拍摄和制作工作，使视频的拍摄和制作更加有条理和高效，同时能够保证视频内容的质量和完成度。短视频脚本通常包括以下内容。

1 故事情节

短视频需要有一个有趣的故事情节，能够吸引观众的注意力。在脚本中需要明确短视频在讲什么故事，以及故事的进展。

2 角色设定

短视频需要有一个或多个主要角色，需要对这些角色的形象、性格、人物关系、台词等进行设定。

3 场景设计

短视频需要有一个或多个场景，需要对这些场景的布置、道具、服装等进行设计。

4 拍摄要求

短视频需要对每个镜头的拍摄要求进行描述，包括拍摄角度、镜头运动、灯光等方面的要求。

5 音乐和音效

短视频需要选择合适的音乐和音效，能够增强视频的氛围和情感。

7.3.2 ▶ 短视频脚本中包含的要素

前文中介绍的短视频脚本中一共包含了5项内容。这5项内容分别属于3个不同的拍摄制作环节。所以，在实际工作中，我们常把脚本分为3个部分，分别是拍摄脚本、文案脚本和分镜头脚本。

1 拍摄脚本

拍摄脚本中包含时间、场景、参与人员、注意事项等。拍摄脚本主要对拍摄中的各个环节起到提示作用，尽可能减少拍摄中的不可预见因素。下文是短视频拍摄脚本样例，读者可以根据需要进行修改和定制，确保脚本符合自己想要表达的主题和情感。

视频名称：甜蜜烘焙时光

参与角色：1名摄影师、1名主角、1名灯光师

拍摄时间：8月7日10时

拍摄地点：1号厨房

场景1：厨房准备

镜头1：开场画面，展示整洁的厨房，阳光透过窗户洒在台面上。

镜头2：特写，展示烘焙用具，如面粉、糖、搅拌碗等，摆放在台面上。

场景2：材料准备

镜头3：人物出现，穿着围裙，站在台面前，微笑着面向摄像头。

镜头4：特写，展示人物手中拿着新鲜水果，如草莓、蓝莓等。

场景3：制作过程

镜头5：人物开始动手，展示她倒入面粉、糖等材料到搅拌碗中。

镜头6：特写，展示她用搅拌器搅拌面糊的过程。

场景4：烘焙环节

镜头7：人物将面糊倒入烤盘中，摆放在预热的烤箱里。

镜头8：计时器显示时间推移，然后显示人物从烤箱中取出香喷喷的甜点。

场景5：装饰和品尝

镜头9：人物将新鲜水果切片摆在甜点上，营造美观效果。

镜头10：人物拿起一个甜点，咬了一口，满脸笑容。

2 文案脚本

文案脚本主要是对整个拍摄中的剧情、话术语言的文字描述，需要对整个拍摄中的可控因素进行罗列。由于短视频区别于影视作品，往往不需要剧本文件，所以在短视频文案脚本中更多的是编写出镜人物台词的逐字稿和基本剧情介绍。下文是短视频文案脚本样例，这个文案脚本将配合短视频的画面和音乐，将观众

引导到制作甜点的过程中，传达出温馨的氛围。读者可以根据项目需要，调整文案内容和语气。

视频名称：甜蜜烘焙时光

场景1：厨房准备

音乐：轻松欢快的背景音乐

开场画面：展示整洁的厨房，阳光透过窗户洒在厨房，迎来了新的一天的开始。在这里，烘焙的香气充满着每一个角落。

场景2：材料准备

人物出现，穿着围裙，微笑着面向摄像头。

话术：在制作美味甜点的道路上，我们需要最新鲜的食材，新鲜的水果是我们的首选。让我们开始吧！

场景3：制作过程

展示人物手中拿着面粉、糖等材料，倒入搅拌碗中。

话术：每一勺面粉，每一粒糖，都蕴含着用心制作的热情。细心搅拌，让每一种食材都充分融合。

场景4：烘焙环节

人物将面糊倒入烤盘中，摆放在预热的烤箱里。

话术：现在，将经过精心调配的面糊倒入烤盘。在预热的烤箱中，它将逐渐膨胀，释放出香气。

场景5：装饰和品尝

人物将新鲜水果切片摆在甜点上，营造美观效果。

话术：在烘焙之后，用新鲜的水果点缀，为甜点增添色彩与口感。每一口都是幸福的滋味。

结尾音乐渐弱

话术：在这个甜蜜的瞬间，我们分享了制作的乐趣，也品尝了爱与创意的结晶。让我们在这个夏日，一同享受甜蜜的烘焙时光。

3 分镜头脚本

分镜头脚本是将文字转化成可以用镜头直接表现的画面。通常分镜头脚本包括画面内容、景别、拍摄技巧、特效应用、时间、音效、灯光等，分镜头脚本编写十分细致，需要包含每个镜头的时长、镜头细节等。下文是短视频分镜头脚本样例，读者可根据实际需求进行优化和调整。

> 视频名称：甜蜜烘焙时光
>
> 场景3：制作过程
>
> 镜头4：人物倒入面粉
>
> 片段时长：8秒
>
> 设置：厨房台面，搅拌碗、面粉袋。
>
> 动作指示：人物站在台面前，面对搅拌碗，拿起面粉袋，打开袋口。
>
> 摄像机动作：开始于一个远景，显示整个台面，随着人物的动作逐渐拉近到特写，以突出面粉倒入碗中的细节。
>
> 角色动作：人物将面粉袋倾斜，面粉缓缓落入搅拌碗中。
>
> 音效：轻微的面粉落下声音。
>
> 镜头转场：平移过渡至下一个镜头。
>
> 镜头5：搅拌面糊
>
> 片段时长：7秒
>
> 设置：搅拌碗、搅拌器。
>
> 动作指示：人物拿起搅拌器，开始在碗中搅拌。
>
> 摄像机动作：从侧面捕捉搅拌动作，逐渐拉近到特写，以突出搅拌过程中的细节。
>
> 角色动作：人物有节奏地使用搅拌器搅拌面糊，直至面糊达到均匀状态。
>
> 音效：搅拌器的机械声音。
>
> 镜头转场：推进至下一个镜头。

7.3.3 ▶ 短视频内容结构

短视频内容结构是短视频表达内容的一个框架，内容结构的设计直接关系到短视频吸引用户关注的程度。通过大量分析爆款短视频，将它们的内容结构进行分解，我们发现爆款短视频内容结构具有一定规律，下面详细讲解。

1 问题场景＋解决方案

这种类型的结构中包含问题、发生场景、案例分析、解决办法。这类短视频开头通常是在特定场景提出问题，然后分析问题原因并给出正确的解决方法，最后进行示范。这种结构常用于知识分享类短视频。比如，著名的法律网红"罗××"就经常使用这种内容结构。他的视频往往开篇就提出问题，如"为什么张某离婚净身出户？"，接着就会描述张某离婚的原因与经过，然后抓住其中的法律知识点进行案例分析并给出解决办法。

2 伏笔+转折

这种类型的结构主要用于剧情类短视频。从叙事的角度来分析，悬念对于用户有着一种独特的吸引力。这种结构的表现方式主要是给出矛盾点，但延缓提供答案，且答案的出现时间和结果都具有意外性。比如，一段短视频开始，一位黑人对白人说："我们黑人就不用涂抹防晒霜"，第二段画面黑人同白人一起晒日光浴，第三段画面黑人受不了太阳暴晒，借白人的防晒霜涂抹，最后引出防晒霜的主要功能是为了防止皮肤晒伤。

3 刚需+产品

这种结构的短视频主要由三部分构成，首先是解决问题前后的效果对比，然后点出用户需求，最后提供解决问题的路径。这类结构常用于产品介绍推广的短视频。比如，40岁的张先生总是大腹便便，2个月后再见却小腹平坦貌似还有点腹肌，但他却说自己从没去过健身房锻炼，原来是用了这种在家就可以使用的器材，每天锻炼15分钟就效果明显。从这条内容中我们发现它完整包含了前后对比、痛点需求和产品方案。这也是一则经典的带货视频的文案结构。

4 熟悉+陌生

这种类型的结构抓住了用户的好奇心，违背用户的基本认知。这类结构包含3个部分：首先是常识认知，然后是故事情节，最后是违背认知的结局。比如，某知名美妆博主在视频中介绍一款防晒霜时说道："大家觉得防晒霜是为了防止皮肤晒黑，其实它最重要的作用是防止皮肤晒伤。"

5 重点前置

重点前置是一种主流的"黄金5秒"处理方法。众所周知，短视频由于时长较短，视频前几秒钟对用户的吸引至关重要。所以，在创作的过程中把内容的高潮部分放在视频的开始，能够有效地吸引用户继续观看。这种结构的短视频内容顺序为高潮重点、剧情发展、结尾引导。其中，结尾引导是指引导并激发用户参与短视频的互动行为。

7.3.4 ▶ 完整短视频脚本设计

在日常的短视频创作中，脚本文件除了用单一的文字描述，还可以用表格的形式进行制作，如表7-1所示。创作者根据拍摄策划，完善脚本表格中的全部项目。

表7-1 短视频脚本模板

人员安排：								
分镜头号	场景	景别	拍摄方法	画面	文案台词	音乐	音效	时长
镜头1								
镜头2								

设计短视频脚本一共5步。

1 搭建短视频框架

提前设计好人物、环境、剧情之间的关系。根据短视频的内容定位确定内容选题，建立故事框架，确定角色、场景、时间。

2 确定短视频主线

短视频主线是对框架的细化，即明确整体内容需要传达的主要信息，以及对应的变现方式。同时短视频的主线也是整个短视频需要表现的内容剧情。

3 场景设计

确定整个短视频剧情发生的场景。在脚本文件中需要对场景进行详细描述。比如，下班后空无一人的办公室，角落里亮着一盏灯。

4 分镜头设计

分镜头是说明整个短视频由哪几个镜头画面构成，以及每个画面表达的内容与拍摄手法。分镜头设计需要根据剧情需求，保证剧情的完整性和连续性。

5 规划时间

规划时间是指设计短视频的整体时间和各分镜头的时间长度。短视频的拍摄、制作人员需要严格按照脚本中的时间规划完成工作。

● 课堂范例 ●

运用ChatGPT编写故事剧情和拍摄脚本

ChatGPT作为目前最流行的 AI 对话工具，在短视频文案和脚本领域中也具有显著的作用。创作者只需要输入对文案剧情的要求，ChatGPT就可以自动生成对应的剧情文案，并以此文案为基础生成拍摄脚本。要求越细致，生成的文案就越精准。运用 ChatGPT编写故事剧情和拍摄脚本的具体操作步骤如下。

步骤① 在手机端登录ChatGPT，并在对话框中输入对剧情文案的要求，然后点击▶按钮。此处以"请写一段搞笑剧情，地点为咖啡厅，要求人物为一男一女，故事中有剧情反转"为例，如图 7-25 所示。

步骤② 阅读剧情内容，确定是否需要优化。详细剧情文案如图 7-26 和图 7-27 所示。

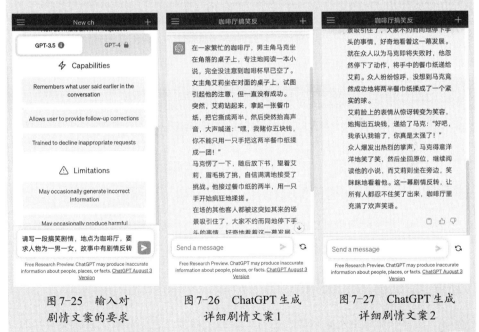

图 7-25 输入对
剧情文案的要求

图 7-26 ChatGPT 生成
详细剧情文案1

图 7-27 ChatGPT 生成
详细剧情文案2

步骤③ 在对话框中输入"以此剧情文案生成短视频拍摄脚本"并点击▶按钮。详细拍摄脚本如图 7-28、图 7-29 和图 7-30 所示。

图 7-28　ChatGPT 生成
拍摄脚本 1

图 7-29　ChatGPT 生成
拍摄脚本 2

图 7-30　ChatGPT 生成
拍摄脚本 3

课堂问答

　　通过本章的学习，读者对短视频选题和脚本编写有了一定的了解，下面列出一些常见的问题供学习参考。

问题1：短视频标题的价值是什么？

　　答：短视频标题是对短视频内容的总结，可以让用户一目了然地明白短视频的内容方向，还能通过关键词的搜索，提高短视频的曝光率。

问题2：短视频脚本对拍摄制作起到什么作用？

　　答：短视频脚本是拍摄短视频所依据的大纲文件，是对短视频拍摄制作的计划文件，其中包括参与人员、时间安排、分镜头设计、文案内容、拍摄方法、注意事项等。

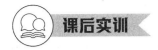

任务：编写完整的短视频脚本

通过本章内容的学习，请读者完成课后实训任务。可以结合任务分析及任务参考进行操作，以巩固本章所讲解的知识点。

【任务分析】以一名员工误打误撞成为救火英雄为题材，进行短视频脚本创作。创作者在编写短视频脚本时，一直本着有趣、有用、具有代入感的原则，切忌"记流水账"，每个分镜头都需要有明确的意思，并能传达具体信息。

【任务目标】掌握短视频脚本的编写方法。

【任务参考】完整短视频脚本样例如表7-2所示。

表7-2 "意外成为救火英雄"短视频脚本

人员安排：								
分镜头号	场景	景别	拍摄方法	画面	文案台词	音乐	音效	时长
镜头1	晚上10点公司角落的工位	远景	固定机位	只亮了一盏灯，除了主角，公司空无一人	无	轻音乐	无	2秒
镜头2	晚上10点公司角落的工位	近景	推运镜	主角收拾包包，起身，准备下班	又是我最后一个走	轻音乐	收拾办公桌的声音	3秒
镜头3	公司过道	全景	固定机位	主角由远至近移动	无	轻音乐	走路的声音	3秒
镜头4	公司过道	近景	摇运镜	在配电房旁停下步伐，左右观看寻找	什么声音	快节奏音乐	哔哔叭叭声	4秒
镜头5	配电房门口	近景	固定机位	推开配电房的门	无	快节奏音乐	开门的声音	4秒
镜头6	配电房内	特写	推运镜	配电箱短路，着火	大叫	快节奏音乐	哔哔叭叭声	5秒

人员安排：								
分镜头号	场景	景别	拍摄方法	画面	文案台词	音乐	音效	时长
镜头7	配电房内	中景	固定机位	焦急地打电话，无人接。鼓足勇气拉下总闸，并用靠枕打灭了火焰	快接电话啊，不管了，拼了	快节奏音乐	电话无人接听	10秒
镜头8	公司会议室	远景	推运镜	公司表彰大会，主角手拿奖励站在领导身旁	感谢某某的英勇行为，挽救了公司400万的财产，特奖励现金10万元	喜庆的音乐	掌声	8秒

 知识能力测试

本章讲解了短视频选题与脚本编写的相关事项，为了对知识进行巩固和考核，请读者完成以下练习题。

一、填空题

1. 把握热点趋势中的热点类型：＿＿＿＿＿＿、＿＿＿＿＿＿、热点形式。

2. 分镜头脚本主要包括＿＿＿＿＿＿、景别、＿＿＿＿＿＿、特效应用、＿＿＿＿＿＿、＿＿＿＿＿＿、灯光等信息。

3. ＿＿＿＿＿＿的短视频文案结构中包含问题、发生场景、案例分析、解决办法。

二、判断题

1. 只要点赞数据高的视频就是可以学习的视频。　　　　　　（　　　）

2. 短视频脚本中必须明确每个分镜头的时长。　　　　　　　（　　　）

3. 短视频只要内容设计和拍摄得好，标题不重要。　　　　　（　　　）

三、选择题

1.一个好标题的首要原则就是需要具有（ ）。

A.有趣性 B.热点

C.针对性 D.实用性

2.向爆款内容学习时，首选（ ）数据高的作为参考。

A.点赞 B.播放量

C.转化 D.评论和转发

第 8 章
短视频的运营与推广方法

在短视频领域中，内容创作是基础，它奠定了账号的基础流量水平。但如果希望获得更多的流量和理想的商业效果，就需要依靠另一项工作，它就是短视频的运营推广。简单来讲，运营推广就是利用非内容创作的方法，让短视频获得更多的流量。

学习目标

- 掌握短视频账号矩阵的建设方法
- 掌握短视频免费推广的方法
- 掌握短视频付费推广的方法

8.1 打造短视频账号矩阵

短视频账号矩阵是一种账号运营方法，是指一个人或一个品牌申请注册多个账号，通过多账号相互引流，实现提高曝光率和转化率的效果。通过短视频账号矩阵，用户可以更全面地了解一个人或一个品牌在短视频领域中的竞争力、优劣势和发展潜力。

8.1.1 ▶ 短视频账号矩阵的价值

"曝光"是互联网营销的关键，也是所有广告的底层逻辑。当相同内容通过多个账号进行发布时，就意味着内容中的信息会拥有更多的曝光量。

站在用户的角度，当一条信息多次出现时，用户潜意识会觉得这条信息在当前比较热门。当这条信息被不同的账号进行发布时，用户会觉得这条信息具备较高的可信度，这就是人们常说的"众口铄金"。通常账号矩阵具有以下几种价值。

1 品牌传播与曝光

在不同短视频平台上建立账号，可以帮助账号主体在不同受众群体中扩大曝光量，获得更多粉丝，提升知名度。

2 多样化内容推广

不同平台的受众偏好不同类型的内容，建立账号矩阵可以定制各种风格的内容，以迎合不同受众的兴趣。

3 用户互动增加

通过不同平台的账号，可以与不同用户群体互动，增加用户参与度，建立更紧密的用户关系。

4 市场细分与定位

不同短视频平台上的用户有着不同的特点和兴趣，建立账号矩阵有助于更准确地进行市场细分和定位。

5 数据分析与洞察

多平台账号建设可以提供更多数据来源，从而更全面地分析用户行为和趋势，为决策提供更准确的洞察。

⑥ 危机管理与风险分散

如果一个平台的账号发生问题，其他平台的账号可以作为分散风险的阵地，避免对品牌整体形象造成重大损害。

> **大师点拨**
>
> 短视频账号矩阵有一个重要的价值——规避账号风险。短视频的创作者数以亿计，为了净化平台和有效管理，平台随时都会针对违规行为制定相应制度。当一个账号被限流或封禁时，利用账号矩阵中的其他账号，创作者可以继续开展运营工作。

8.1.2 ▶ 短视频账号矩阵的三大特性

通过对短视频账号矩阵价值的总结，可以将它们归结到短视频矩阵的三大特性中，这更有利于读者充分了解短视频矩阵建设的价值和必要性。短视频账号矩阵的三大特性分别为多元性、放大性和协同性，具体内容如下。

① 多元性

账号矩阵建设涉及在多个不同的短视频平台上建立账号。不同平台拥有独特的用户群体、文化氛围和内容风格，因此用户可以创造多样化的内容，以适应不同受众的喜好和需求。

② 放大性

通过在多个平台上建立账号，可以将品牌和内容的曝光面广泛扩大。每个平台都有自己的用户基数，通过多元账号建设，可以更有效地吸引更多潜在用户。

③ 协同性

账号矩阵的建设可以实现平台之间的协同效应。创作者可以在不同平台上交叉宣传、分享内容，从而实现更大范围的影响力。另外，不同平台的内容也可以相互借鉴、改编，提升整体的创作水平。

总之，通过合理规划和管理账号矩阵，创作者可以在不同平台上获得更广泛的关注，提升品牌知名度和市场份额。同时，合理的协同策略可以使不同平台的账号相互增益，共同为品牌创造更大的价值。

8.1.3 ▶ 短视频账号矩阵的两种类型

在实际运营工作中，根据不同需求，通常把短视频账号矩阵分为横向矩阵和纵向矩阵两类，它们拥有不同的价值和运营方式。

1 横向矩阵

短视频账号横向矩阵是指在不同短视频平台上注册多个账号，并发布相同内容。横向矩阵建设的意义在于吸引不同平台的潜在用户，扩大短视频账号在全网的品牌影响力，同时还能规避账号违规、停止运营的风险。第2章中的"课堂范例：不同平台同一账号主体赏析"就属于短视频横向矩阵账号。

这种账号横向矩阵的建设甚至可以超越短视频平台的范围。比如，除了短视频平台，还可以在微信公众号、知乎、今日头条、新浪微博等自媒体平台建设关联账号。总之，只要有流量的内容平台，都是账号横向矩阵的建设范围。

大师点拨

在建设短视频横向矩阵时，应尽可能覆盖所有短视频平台，充分让短视频内容获得曝光机会。且矩阵账号越多，每个账号运营管理的实际成本越低。

2 纵向矩阵

短视频账号纵向矩阵是指在同一短视频平台上注册多个账号，并发布相似、相近的内容。纵向矩阵建设的意义在于利用主账号带动子账号迅速获得流量。同时纵向矩阵可以分别打造企业品牌和个人IP不同的账号类型，提升互动，相互弥补，有效提升粉丝黏性。纵向矩阵同样也能规避账号违规、停止运营的风险。

短视频账号纵向矩阵除了更多地获取流量，还可以让每个账号都承载一个运营目的。比如，主账号主要输出优质内容，以此吸引更多粉丝。一级子账号用于为粉丝提供服务，增加粉丝黏性。二级子账号用于销售商品，提高商业盈利能力。著名知识博主"樊××"在抖音上的账号运营就把纵向矩阵应用到了极致，也为他获得了数以千万计的粉丝和可观的商业收益。

用户可以通过使用第三方数据分析平台查询账号矩阵的数量和相关信息。如图8-1所示，使用"蝉妈妈"搜索"东方甄选"，可以看到大量东方甄选纵向矩阵账号。

达人	粉丝总量	粉丝增量	平均点赞数	平均赞粉比	直播场次	直播平均场观	场均销售额	操作
东方甄选 dongfangzhenxuan	3,055.7w	8,227	5,502	0.02%	33	602.4w	1000w~2500w	PK 🔒 ☆ 🏷
东方甄选之图书 40664875953	419.5w	36	1,287	0.03%	47	51w	25w~50w	PK 🔒 ☆ 🏷
东方甄选美丽生活 95144913203	363w	1,084	3,339	0.09%	35	198.3w	500w~750w	PK 🔒 ☆ 🏷
东方甄选看世界 75949092979	303.8w	-324	1.5w	0.51%	14	291.6w	100w~250w	PK 🔒 ☆ 🏷
东方甄选自营产品 91037342507	189.4w	4,719	1,204	0.06%	25	110.9w	100w~250w	PK 🔒 ☆ 🏷

ⓘ 以下内容为所选类目下达人近30天数据

全部　　直播达人　　视频达人　　团购达人

图 8-1　东方甄选账号矩阵

大师点拨

　　无论哪种账号矩阵类型，都应该保持内容定位的一致性。由于受到短视频平台"查重、抄袭"制度的制约，纵向矩阵在发布内容时应该对内容进行微调，以此确保各账号内容能够通过审核。比如，剧情类账号矩阵，主账号用于发布剧情内容，子账号用于发布拍摄花絮或主角的日常。

● 课堂范例 ●

短视频纵向矩阵账号赏析

　　账号纵向矩阵的建设，可以按照每个账号的打造目的进行分级设计。第一级用于吸纳海量粉丝，主要发布有趣或有用的内容，如图8-2所示。第二级用于粉丝互动，增加粉丝黏性和信任度，如图8-3所示。第三级用于商业转化或私域流量转化，如图8-4所示。当然创作者也可以在每个层级都创建多个账号，用于增加曝光机会。

图 8-2　矩阵一级账号

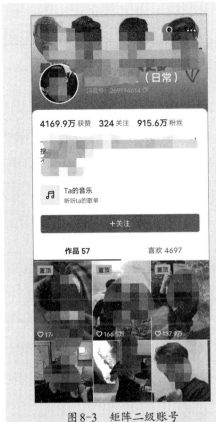

图8-3 矩阵二级账号

图8-4 矩阵三级账号

8.2 免费流量的推广方法

免费流量是所有短视频创作者梦寐以求和全力争夺的流量。获得免费流量的多少，直接反应短视频内容创作能力和运营能力的高低。优秀的短视频依靠免费流量就能火爆全网，反之投入再多的付费流量也无济于事。

8.2.1 ▶ 经营粉丝的方法

经营粉丝的目的是让粉丝帮助创作者做宣传，扩大影响力，实现更多的粉丝增长。严格意义上讲，经营粉丝并非没有成本。经营粉丝本质上是通过运营方法刺激粉丝活跃，增加互动，提高黏性。下面介绍3种经营粉丝的方法。

1 粉丝群

创建粉丝群（图8-5），给粉丝提供一个彼此互动的环境。当然粉丝群更重要的作用是提供粉丝与主播互动的环境。在日常的短视频发布和直播中，粉丝缺少与主播直接沟通的机会。粉丝群的建立，能有效缩短主播与粉丝的距离。

在运营粉丝群时，需要设置进群的准入门槛。比如，粉丝等级到规定级别、关注账号达到规定天数等，如图8-6所示。这种运营方式，让进群资格变得更加珍贵，是一种对"铁粉"身份的认同。粉丝也会格外珍惜，有效避免群内出现负面舆论的风险。

图 8-5　抖音粉丝群

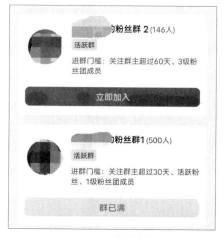

图 8-6　进群条件

🔆 **大师点拨**

对于部分活跃度和贡献度极高的粉丝，可以与其互加微信，彼此建立朋友关系，再次提升粉丝身份等级。

以抖音为例，创建粉丝群的具体操作步骤如下。

步骤 ❶ 在手机端打开抖音App，在【我】界面中选择【创作者服务中心】选项，如图8-7所示。

步骤 ❷ 进入【创作者服务中心】功能列表，选择【主播中心】选项，如图8-8所示。

图8-7　抖音创作者服务中心　　　　　　　图8-8　主播中心

步骤③ 在【更多功能】界面中选择【粉丝群】选项，如图8-9所示。

步骤④ 点击【立刻创建粉丝群】按钮，如图8-10所示。

步骤⑤ 编辑并完善粉丝群相关信息，即可完成粉丝群的创建，如图8-11所示。

图8-9　主播中心功能列表　　　图8-10　创建粉丝群　　　图8-11　编辑群信息

❷ 粉丝福利

利益引导是一种非常有效的运营方法，在粉丝经营中也不例外。定期给粉丝提供福利优惠，不仅可以提升互动性，还能唤醒非活跃粉丝。在实操中应提供与粉丝属性相吻合的福利，且粉丝获取福利也需要设置门槛，比如，达到规定等级的粉丝才能参与。

③ 粉丝活动

粉丝活动分为线上活动和线下活动两类。常见的粉丝活动有签到活动、抽奖活动、粉丝见面会、直播连线、出镜拍摄短视频等。

8.2.2 ▶ 内容预告

内容预告就是为即将发布的短视频进行预告。这种方法适用于已经有部分基础粉丝的账号和连载短视频内容。

内容预告的目的是刺激用户持续关注，对用户起到提示作用。内容预告通常有两种方法：一种是单独制作预告视频，阐述即将发布的内容中的要点；另一种是在当前短视频的结尾部分，植入即将发布的内容要点。

另外，预告视频经常用于直播预告。通过提前录制直播卖点短视频，锁定粉丝的注意力，可以为直播带来不错的初始流量。目前各大短视频平台均开通了录制直播预告短视频的功能，以抖音为例，创建直播预告短视频的具体操作步骤如下。

步骤① 在手机端打开抖音 App，点击下方的【＋】按钮，进入上传视频界面。

步骤② 选择事先录制好的直播预告视频，点击右边的贴纸按钮，如图 8-12 所示。

步骤③ 进入贴纸操作界面，点击【直播】按钮，如图 8-13 所示。

步骤④ 选择具体的开播时间，如图 8-14 所示。

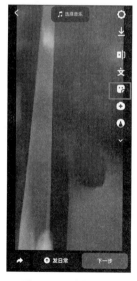

图 8-12　添加贴纸

图 8-13　添加直播贴纸

图 8-14　选择开播时间

步骤 **5** 拖动视频画面中的直播贴纸，直至其停留在需要的位置，如图 8-15 所示。然后点击【下一步】按钮，进入视频发布界面。

步骤 **6** 填写视频描述和标题后，点击【发布】按钮，如图 8-16 所示，即可完成直播预告短视频的发布。视频发布后的效果如图 8-17 所示。

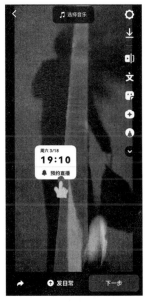

图 8-15 移动直播贴纸

图 8-16 添加短视频描述并发布

图 8-17 直播预告短视频效果

温馨提示

内容预告通常用于影视节目中，比如，在电视剧一集结束后播放下集的部分精彩片段。如今，内容预告在短视频领域中已经被大范围应用。

8.2.3 多渠道引流

多渠道引流与账号矩阵建设有着异曲同工之处，都是利用不同媒体渠道发布信息内容。但区别在于，多渠道引流的目的是将流量引导到一个指定的账号或特定的事件上。

这里的多渠道是指除了在短视频平台上发布，还可以通过其他社交媒体平台、搜索引擎、网站、私域社群等多种途径引流。比如，在微信群中预告短视频内容，提示群成员及时观看；在图文新媒体账号中发布短视频内容摘要等；在其他社交媒体平台上发布关于短视频的介绍或预告，并附上短视频链接，吸引用户点击链接进入短视频平台观看。

还可以使用搜索引擎优化（Search Engine Optimization，SEO）技巧，对短视频标题、标签等元素进行优化，以提高短视频在搜索引擎中的排名和曝光度。

大师点拨

多渠道引流往往建立在账号矩阵的基础上，借助矩阵账号获得更多的曝光机会。

SEO指的是通过对网站结构、内容、代码等方面进行优化，从而提高网站在搜索引擎中的排名和曝光度，获取更多的流量和转化率。

SEO的核心目标是让搜索引擎更好地理解网站的内容，并将其排名在用户搜索的相关词汇的搜索结果前列，这样用户就能更方便地找到并访问该网站。SEO的优化包括网站内部的技术优化和内容优化，以及网站外部的链接建设等多方面的工作。

8.2.4 ▶ 寻找合作伙伴互推

寻找合作伙伴互推是一种常见的推广方法。如果说账号矩阵是借助自身能力搭建渠道提高曝光率，那寻找合作伙伴就是借助别人的力量帮助自己获得更多的曝光机会。

常见的方法有邀请合作伙伴出镜拍摄、相互点赞并评论对方的短视频等。在选择合作伙伴时，应选择与自身粉丝数、影响力相近的账号。因为寻找合作伙伴互推，本质上是一种互换粉丝的方法。所以，彼此能力接近，更有利于合作的达成。

在实操中，运营者可以在短视频评论区@合作伙伴的账号昵称，如图8-18所示。此时合作伙伴会收到系统后台推送的提示信息，如图8-19所示。这种方法不仅可以提示合作伙伴，

图8-18 评论区提示合作伙伴　图8-19 系统提示消息

还能有效提升其他观看者的停留时长。

 大师点拨

免费流量运营虽然是短视频运营的重要部分，但对于短视频新人，还是需要把工作重心放在打造优质内容上，切勿本末倒置。

8.3 付费流量的推广方法

主流短视频平台均是商业机构，获取收益是所有商业机构的第一诉求。短视频平台收取一定费用后，给创作者"介绍"更多的潜在用户，是短视频平台的一种核心商业模式。付费流量最核心的功能是流量杠杆作用。具体来讲，就是付费流量把种子用户引导进入观看界面，平台会接收到种子用户的观看行为数据，平台基于这些数据，将更多的精准流量推送到短视频内容上。

8.3.1 ▶ 智能推荐投放

智能推荐投放是指短视频平台根据账号标签和短视频特点，系统自动给短视频内容推荐付费金额对应的流量。以抖音为例，创建智能推荐投放计划的具体操作步骤如下。

步骤❶ 在抖音短视频播放界面中选择【分享】功能，在功能列表中选择【上热门】选项，如图8-20所示。

步骤❷ 选择需要的推广目标，常见的目标主要有点赞评论量、粉丝量、视频播放量等，如图8-21所示。

图8-20 抖音上热门

图8-21 设置投放目标

步骤 **3** 在【把视频推荐给潜在兴趣用户】栏中，选中【系统智能推荐】单选按钮，并选择投放时长，如图8-22所示。

步骤 **4** 按照需求，选择投放金额并完成支付，如图8-23所示。

图 8-22 系统智能推荐

图 8-23 设置投放金额

8.3.2 ▶ 自定义投放

自定义投放是指短视频运营者根据账号定位和粉丝画像，在投放时选择目标用户。以快手为例，创建自定义投放计划的具体操作步骤如下。

步骤 **1** 在快手短视频播放界面中选择【分享】功能，在功能列表中选择【上热门】选项，如图8-24所示。

步骤 **2** 选择推广需要提升的目标，如图8-25所示。

步骤 **3** 根据需求选择投放金额，并设置投放时长，如图8-26所示。

图 8-24 快手上热门

图 8-25 设置提升目标

图 8-26 设置投放金额与时长

步骤④ 点击【推广给谁】，根据账号定位选择目标用户画像，如图8-27所示。最后完成订单支付即可。

图8-27 设置目标用户画像

大师点拨

短视频在起号时，可以运用自定义投放，快速地为账号贴上标签。为账号贴上标签后，新号并非每条短视频都需要进行付费推广。运营者可以选择基础数据较好的短视频进行投放，比如，短视频发布后5小时以内，点赞、评论数据较高，此时就可以进行付费推广为该条短视频加热。在选择投放金额时，应该先设置一个较低金额进行测试，如果推广数据比较理想，再进行费用追加。

• 课堂范例 •

创建达人相似投放计划

创建达人相似投放计划，是一种快速起号、贴标签的投放技巧，是指在设置自定义投放时，选择和对标账号相似的目标用户画像。以抖音为例，创建达人相似投放计划的具体操作步骤如下。

步骤① 确定对标账号，并记录下对标账号的昵称。

步骤② 在抖音短视频播放界面中选择【分享】功能，在功能列表中选择【上热门】选项。

步骤③ 在【把视频推荐给潜在兴趣用户】栏中，选中【自定义定向推荐】单选按钮，如图8-28所示。

步骤④ 在【自定义定向推荐】界面中的【达人相似粉丝】选项中，选择【更多】选项，如

图8-28 抖音自定义定向推荐

图8-29所示。

步骤 5 点击【添加】按钮，在搜索框中输入对标账号的昵称，如图8-30所示。

图 8-29 抖音达人相似

图 8-30 设置抖音达人相似

步骤 6 选定对标账号完成添加，设置投放金额并完成支付即可。

课堂问答

通过本章的学习，读者对短视频账号矩阵应用和运营推广方法有了一定的了解，下面列出一些常见的问题供学习参考。

问题1：什么是短视频账号矩阵?

答：短视频账号矩阵是一种账号运营方法，是指一个账号主体申请注册多个账号，通过多账号相互引流，实现提高曝光率和转化率的效果。账号矩阵又分为横向矩阵和纵向矩阵两种。

问题2：短视频付费推广通常有哪些类型?

答：短视频付费推广主要分为系统智能推荐和自定义推广两种。

课后实训

通过本章内容的学习，请读者完成课后实训任务。可以结合任务分析及任务步骤进行操作，以巩固本章所讲解的知识点。

任务1：在短视频中引导粉丝互动

【任务分析】引导粉丝互动是一种提高视频完播率和互动率的粉丝经营技巧。其主要方法是将短视频中的利益点放置在评论区中，并提醒用户到评论区领取。

【任务目标】掌握引导粉丝互动的方法。

【任务步骤】具体操作步骤如下。

步骤① 在短视频内容重点即将来临前，录制一段利益点和引导话术，如图8-31所示。

步骤② 发布视频后，在评论区中录入具体利益内容或获取利益的渠道，如图8-32所示。

图8-31 植入引导话术

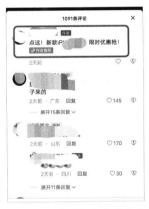

图8-32 设置评论区利益点

任务2：创建快手达人相似投放计划

【任务分析】虽然短视频平台众多，但付费推广功能大同小异。在快手上创建达人相似投放计划与抖音的创建方法类似。

【任务目标】掌握在快手上创建达人相似投放计划的方法。

【任务步骤】具体操作步骤如下。

步骤① 在快手短视频播放界面中选择【分享】功能，在功能列表中选择【上热门】选项。

步骤 2 在投放设置界面中，点击【推广给谁】。

步骤 3 选中【达人相似粉丝】单选按钮，点击【添加】按钮，如图8-33所示。

步骤 4 在搜索框中输入对标账号的昵称，并选定对标账号完成添加，如图8-34所示。

步骤 5 设定投放金额，并完成支付。

图8-33 快手达人相似

图8-34 设置快手达人相似

 知识能力测试

本章讲解了短视频账号矩阵和运营推广的相关方法与内容，为了对知识进行巩固和考核，请读者完成以下练习题。

一、填空题

1. 短视频账号矩阵具有_____、放大性、_____的特点。

2. 常见的粉丝经营方法有_____、粉丝福利、_____等。

3. 智能推荐投放是指短视频平台根据_____和_____，系统自动给短视频内容推荐付费金额对应的流量。

二、判断题

1. 在同一平台上注册多个账号并运用，属于纵向账号矩阵。 （ ）

2. 付费推广是获得流量的主要方法，通常优秀短视频80%的流量来源于付费推广。 （ ）

3. 在微信群中，预告短视频内容属于多渠道引流的一种方法。 （ ）

三、选择题

1. 付费流量最核心的功能是流量（ ）作用。

A. 杠杆   B. 引导

C. 汇聚   D. 分级

2. 账号（ ）是指在不同短视频平台上注册多个账号，并发布相同内容。

A. 纵向矩阵   B. 矩阵

C. 横向矩阵   D. 立体矩阵

第 9 章

短视频的商业变现模式

短视频平台不是朋友圈，绝大多数的创作者都把短视频当作一种商业行为。既然是商业行为，那么追求商业变现自然理所当然。短视频领域的商业变现模式总体上分为两类：出售商品变现和广告宣传变现。

9.1 电商变现模式

电商变现模式是一种将短视频与电商相结合的一种变现模式，属于运用内容实现电商卖货的"兴趣电商"范畴。电商变现模式中的短视频带货和直播带货，是利用短视频平台实现收益最主要的商业模式。

9.1.1 短视频带货

短视频带货是指在短视频中添加商品链接，方便用户下单购买。兴趣电商具有使用户冲动消费的特性，用户在观看短视频时，被其中介绍的商品所吸引，从而完成购买。在这种模式下，用户的消费决策可能更加感性，虽然对于下单支付具有较强的推动力，但在冲动过后，会带来较高的退单率。

进行短视频带货首先需要在短视频平台上开通电商功能，各大短视频平台均上线有专属的电商模块，其中又以抖音为商家提供电商服务的工具"抖店"最为著名。开通抖店的具体操作步骤如下。

图9-1 抖店登录窗口

步骤① 在电脑端下载"抖店"应用程序，网址为https://fxg.jinritemai.com/。注册并登录"抖店"，如图9-1所示。

步骤② 选择开店主体类型，分别为个体工商户、企业/公司、跨境商家，如图9-2所示。

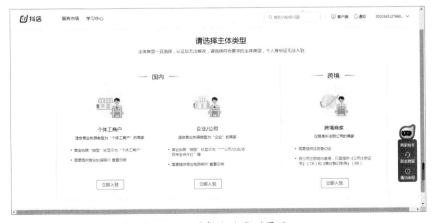

图9-2 选择主体类型界面

步骤 ③ 填写主体信息，包括上传营业执照照片、法定代表人身份证照片，如图9-3所示。

图9-3　填写主体信息界面

步骤 ④ 填写店铺名称，提交平台等待审核。

步骤 ⑤ 缴纳开店保证金。

步骤 ⑥ 进入"抖店"应用程序后台，在左侧菜单栏选择【商品】选项，弹出选择框后选择【商品创建】选项，如图9-4所示。

步骤 ⑦ 选择需要上传商品的所属类目，如图9-5所示。

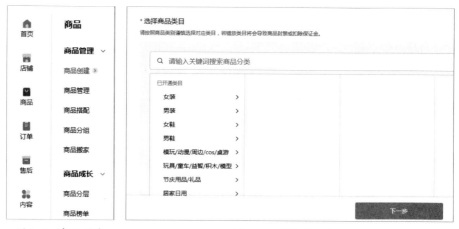

图9-4　商品创建　　　　　　　　图9-5　选择商品类目

步骤 ⑧ 填写商品信息、上传商品详情页图文、设置商品价格和库存数量，点击【发布商品】按钮即可完成上传商品操作，如图9-6所示。

基础信息 图文信息 价格库存 服务与履约 商品资质

基础信息

* 商品分类 女装 > 短裤 修改类目

* 商品标题 请输入 0/60

☐ 使用品牌名

类目属性 属性填写率 0% 点击反馈

重要属性 准确填写属性有利于商品在搜索和推荐中露出，错误填写可能面临商品下架或流量损失！

* 品牌 货号 * 材质
请输入需要关联的品牌 ∨ 请输入 请选择，最多选5项

发布商品 保存草稿

图9-6 填写商品信息并发布

9.1.2 ▶ 直播带货

直播带货与短视频带货同为依靠电商实现商业变现，最大的区别在于带货的场景有所差异。直播带货是将商品介绍、下单购买植入在直播中。短视频带货则是将此植入在短视频的内容中，具有持续传播的价值。而直播带货相比短视频带货更具煽动性和感染力。

目前很多直播电商在直播结束后，将直播中的内容剪辑成多个短视频。其中，每个短视频对应一个商品的直播画面，我们将这类短视频称为"直播切片"，图9-7所示为东方甄选直播切片短视频。

直播切片是一种无须策划、无须拍摄即可快速投放的带货短视频。直播切片短视频可以通过账号矩阵进行发布，形成一种大覆盖面的营销效果。直播切片短视频通常文案更多地描述商品，侧重价格优势。内容以剪辑直播为

图9-7 直播切片短视频

主，突出人物和产品，场景切换较少，大量使用商品特写镜头。

大师点拨

运营者可以将短视频带货与直播带货相结合。直播带货受时间限制，在直播结束后变现数据将直线下降。此时利用直播的余热发布短视频带货内容，可以提升持续变现能力。

● 课堂范例 ●

开通抖音小黄车，为短视频添加商品链接

为短视频添加商品链接的载体，称为"橱窗"功能。由于抖音的商品橱窗图标为黄色购物车，所以又称为"小黄车"。商家在开通"小黄车"功能后，不仅可以在短视频中添加自己店铺中的商品链接，还能添加抖音精选联盟中其他商家店铺中的商品。抖音开通"小黄车"和添加商品链接的具体操作步骤如下。

步骤❶ 在手机端打开抖音App，进入【创作者服务中心】功能列表，选择【商品橱窗】选项，如图9-8所示。

步骤❷ 选择【成为带货达人】选项后，点击【带货权限申请】按钮即可完成小黄车的开通，如图9-9和图9-10所示。

图9-8　商品橱窗

图9-9　成为带货达人

图9-10　带货权限申请

步骤❸ 在手机端抖音App的【我】界面中选择【商品橱窗】选项，进入商

品橱窗界面，选择【橱窗管理】选项，如图9-11和图9-12所示。

图9-11 商品橱窗入口

图9-12 橱窗管理入口

步骤 4 进入【橱窗管理】界面，点击【选品广场】按钮，进入抖音电商精选联盟首页，选择需要添加的商品，点击【加橱窗】按钮，如图9-13和图9-14所示。

图9-13 精选联盟入口

图9-14 搜商品加橱窗

步骤 **5** 在发布短视频时选择【添加经营工具】选项，选择刚刚在精选联盟中添加的商品，点击【添加】按钮完成添加，如图9-15和图9-16所示。

图9-15 添加经营工具

图9-16 添加商品

在发布短视频时选择【添加经营工具】选项后，选择【我的店铺】选项，可以把自己抖店的商品链接添加到短视频中。

9.2 知识付费模式

严格意义上讲，知识付费模式也属于带货变现模式中的一种。我们常说的带货主要是指销售实物商品，而知识付费则主要售卖各类知识。从本质上讲，知识付费是把知识变成产品或服务，以实现商业价值，其付费的方式与直接销售商品有所差异。

知识付费起源于2016年，在信息"爆炸"的移动互联网时代，各种无效信息充斥着网络。用户筛选有用信息的成本越来越高，这也为知识付费提供了市场基础。

截至2022年，我国知识付费市场规模已接近千亿元。

9.2.1 购买咨询服务

购买咨询服务又称为"问答模式"，是一种在知识付费中最常见的模式，即帮助用户解答生活、工作、学习中遇到的各类疑难问题。短视频创作者利用短视频平台发布行业专业知识，吸引有需求的用户关注，并在视频下方提供联系方式，比如，微信号、电子邮件或平台内私信等，让有需要的用户可以联系创作者获得更详细的咨询，然后通过付费获得更加深度的咨询服务。

购买咨询服务又分为线上和线下两种，它们的共同点都是在线上完成引流。但一种咨询服务交付在线下，另一种咨询服务交付在线上。线下交互模式用户能获得更加全面和专业的服务，同时也会付出更多的成本代价。

另外，教育培训也是短视频咨询服务的一条重要赛道。如果短视频创作者擅长某项技能或知识，比如，摄影、音乐、外语等，可以通过短视频向用户提供相应的教育培训服务。创作者可以在视频中介绍自己的专业领域和经验，并提供在线教育服务或线下培训课程。通过这种方式，短视频创作者可以将自己的专业知识和技能变成实际的经济价值。比如，在抖音上常见的"抖音实操培训"课程，就属于这类变现模式。

9.2.2 付费观看模式

付费观看又称为"订阅模式"，是一种目前网络上最为流行的知识付费模式，在线教育便是通过这种方式迅速发展起来的。创作者在短视频平台上发布专业的视频内容，用户可以进行免费试看学习，如果满意，即可购买订阅。这种模式常见于各大平台的付费专栏中，比如，今日头条的付费专栏，如图9-17所示。

这种付费专栏与咨询服务中的教育培训有一定区别。通常订阅模式主要以观看视频和阅读文档为主。比如，我们将短视频培训录制成20期短视频，用户可以免费观看第一条短视频，如果被其中的内容吸引，希望继续观看学习后面的19条短视频，

图9-17 订阅模式

就需要按照系统提示进行付费，方能解锁后续视频。

温馨提示

目前各大短视频平台还提供了付费观看直播的变现模式。主播在开始直播时选择【付费直播】选项即可，如图9-18所示。与短视频订阅模式一样，用户只能免费观看1～3分钟直播，如果需要继续观看，就必须进行付费操作。

图9-18　付费直播

9.2.3 ▶ 用户打赏模式

用户打赏模式又称为"礼物模式"，是指用户在观看直播或视频时，可以通过购买虚拟礼物来支持创作者。短视频平台会将这些礼物兑换成现金，并将一部分收入归给创作者。这种方式需要创作者积累一定的粉丝和观众基础，并能够提供有趣的内容和互动。所以，"粉丝"数量和内容质量对打赏收益将产生直接影响。

以前各大平台的"打赏"主要针对直播内容和图文内容，目前各大短视频平台针对短视频内容已经开通了打赏功能。以抖音为例，开通打赏功能的具体操作步骤如下。

步骤❶ 在手机端打开抖音App，进入【创作者服务中心】界面。

步骤❷ 在【我的服务】界面中，选择【视频赞赏】选项，即可开通打赏功能，如图9-19所示。

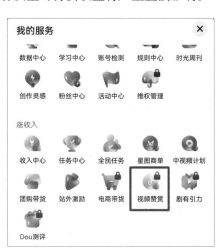

图9-19　开通视频赞赏

9.3 广告变现模式

广告变现是短视频领域最重要的一种变现模式。广告变现是指在短视频中植入广告，实现商业收益，短视频平台也为创作者提供广告收入分成。广告收入通常取决于短视频的质量、观看数量、内容类型及广告商对创作者的视频内容的兴趣程度。

短视频广告变现的形式多种多样，有"硬广告"，即直接在短视频内容中宣传商品或品牌的卖点优势，也有"软广告"，它不直接呼吁购买或促进销售，而是通过间接手段塑造品牌形象、增加品牌知名度和提高消费者好感度，最终达到推销产品和服务的目的。我们将这些广告在短视频中的应用归纳总结为以下几种类型。

9.3.1 ▶ 品牌广告

品牌广告是指在短视频中加上赞助商或广告主名称进行品牌宣传、扩大品牌影响的广告形式。品牌广告分为品牌冠名和品牌植入两种。

品牌冠名是指在短视频主要内容开始前就提前宣传品牌，这和常见的品牌冠名综艺节目形式相同。比如，著名的美食制作账号"大师的菜"在视频开头专门为品牌赞助商提供品牌宣传的机会，如图9-20所示。品牌冠名广告往往金额较大，对账号的数据要求也极高。

图9-20 短视频中的品牌广告

品牌植入广告是指将品牌商品植入短视频的剧情中。让用户在观看视频时，无意识地接触和熟悉品牌。

9.3.2 ▶ 产品贴片广告

短视频中的产品贴片广告是指在短视频播放过程中插入产品介绍的一种广告形式。它通常会在视频播放到一定时间后出现，持续时间较短，一般只有几秒钟甚至更短。贴片广告可以是视频广告，也可以是静态广告。如图9-21所示，该短视频主要讲解教育孩子的方法，但博主在讲解时结合一本书，并附带购买链接将其推荐给用户。这就是短视频中最为常见的贴片广告。由于短视频观看体验相对较短暂，因此贴片广告是一种非常有效的广告形式，能够快速吸引用户的注意力，传递广告主的信息，提高广告效果。但这类广告如果与短视频剧情关联度不高，会让用户感觉有些突兀，给用户带来不太好的观看体验。

9.3.3 ▶ 引导下载广告

引导下载广告区别于品牌和贴片广告。后两种广告并非必须为用户提供消费路径，而引导下载广告不仅需要介绍产品和获得路径，还必须提供路径入口。这种类型的广告具有明显的导流效果，与短视频的特性高度吻合，是一种直接追求效果的广告类型。

准确来讲，引导下载广告也是一种贴片广告，但主要用于网站、App、游戏、虚拟商品的宣传推广，具有较强的针对性。目前在短视频领域中，这类广告主要出现在游戏推广中。如图9-22所示，该短视频是讲述母女之间的搞笑日常生活，但博主在视频中植入一款游戏介绍，并在视频中提供游戏下载链接。

温馨提示

引导下载、引导购买、引导消费都属于追求效果的广告类型。这种类型的广告除了直接的广告费用，还可以根据下载量、消费金额进行提成。

图9-21　短视频中的贴片广告

图9-22　短视频中的引导下载
广告

9.3.4 ▶ 平台内有偿任务

为了规范短视频广告植入行为和保护广告主与创作者的利益,各大短视频平台均上线了广告供需平台。广告主在平台上发布广告需求和对应的佣金,创作者可以选择适合自己的广告活动进行参与。抖音目前开设有全民任务和巨量星图,供创作者接单广告任务,如图9-23所示。快手也开设了任务中心,用于撮合广告主和创作者,如图9-24所示。

图9-23 抖音全民任务

图9-24 快手任务中心

• 课堂范例 •

优秀短视频贴片广告赏析

贴片广告在短视频领域中是一种应用最多的广告变现模式。优秀的贴片广告往往与整体剧情相融合,如图9-25所示。创作者在选择广告主时,首先要思考的是产品与账号内容是否吻合,针对这一产品的剧情设计,过渡需要平顺。图9-25中的剧情,女主婚后长胖20斤,小肚子越发明显,被老公嘲笑后,穿着一款修身的体恤外出健身,结果女主在去健身的途中被美食吸引,放弃健身开始大快朵颐。

整个剧情以瘦身为主题，在女主外出时植入修身体恤，使整体剧情具有较好的连贯性。同时在短视频的评论区中，植入修身体恤的购买路径，如图9-26所示。使贴片广告从品牌宣传、产品介绍到购买路径形成了一个完整的闭环。

图9-25　广告植入剧情

图9-26　评论区购买链接效果

课堂问答

通过本章的学习，读者对短视频账号的商业变现模式与方法有了一定的了解，下面列出一些常见的问题供学习参考。

问题1：引导用户下载App属于哪种类型的变现模式？

答：在短视频中植入引导用户下载App的内容，属于广告变现模式，这种模式常以贴片广告的形式出现。

问题2：什么是短视频电商变现模式？

　　答：短视频电商变现是指利用短视频内容传播，实现电商销售的一种变现模式。它将短视频与电商相结合，属于"兴趣电商"范畴。最常见的短视频电商变现模式为短视频带货和直播带货。

问题3：什么是直播切片短视频？

　　答：直播切片是指将直播带货的内容剪辑成多个短视频，并将直播切片短视频通过账号矩阵进行发布，形成一种大覆盖面的营销效果。

课后实训

任务：在短视频评论区中添加店铺链接

　　通过本章内容的学习，请读者完成课后实训任务。可以结合任务分析及任务步骤进行操作，以巩固本章所讲解的知识点。

　　【任务分析】在发布短视频并添加"小黄车"后，系统会默认该条短视频为带货视频，此时对该视频的数据考核就会加上销售转化数据。一旦销售转化数据较低，系统就会限制为该视频推荐流量。为了避免这种限流现象的发生，在实操中可以把店铺链接或商品链接添加在评论区中，以进行规避。

　　【任务目标】掌握在短视频评论区中添加链接的方法。

　　【任务步骤】以抖音为例，具体操作步骤如下。

　　步骤❶ 在手机端打开抖音App，进入短视频发布界面，选择【添加经营工具】选项，如图9-27所示。

　　步骤❷ 在【选择经营工具】界面中，选择【我的小店】选项，如图9-28所示。

　　步骤❸ 在【设置我的小店】界面中，点击【确定】

图9-27　添加经营工具

按钮，如图9-29所示，即可完成添加。添加后评论区效果如图9-30所示。

图9-28　选择经营工具

图9-29　设置并添加
小店链接

图9-30　评论区小店
链接效果

 知识能力测试

本章讲解了有关短视频商业变现的相关事项，为了对知识进行巩固和考核，请读者完成以下练习题。

一、填空题

1. 利用短视频内容进行商业变现的模式，主要由_____和_____两种构成。

2. 知识付费是把知识变成_____或_____，以实现商业价值。

二、判断题

1. 知识付费严格意义上讲也属于一种带货变现模式。（　　）

2. 短视频带货和直播带货都属于电商变现模式。（　　）

三、选择题

1. 付费观看又称为（　　），是一种目前网络上最为流行的知识付费模式。

   A. 购买服务　　　　　　　　　B. 打赏

   C. 有偿培训　　　　　　　　　D. 订阅模式

2. 在抖音短视频中添加小店链接，主要通过（　　）功能实现。

   A. 添加标题　　　　　　　　　B. 添加经营工具

   C. 添加位置　　　　　　　　　D. 申请关联热点

附录 A

知识与能力总复习（卷 1）

（全卷：100分 答题时间：120分钟）

得分	评卷人

一、选择题（每题2分，共15小题，共计30分）

1. 限流是短视频平台管理方采取的一种措施，通过限制视频的（   ）、播放量、发布量等，来控制短视频的传播速度和规模，以达到平台管理方所设定的目的和要求。

    A. 曝光量   B. 点赞量   C. 评论量   D. 分享量

2. 直播打赏是指观众在观看直播时因主播的精彩表演而（   ）的一种行为。

    A. 购买商品   B. 赠送礼物   C. 点赞   D. 评论

3. （   ）是指从品牌自有的网站、App、微信公众号、小程序等自有平台获取的流量。

    A. 私域流量   B. 公域流量   C. 账号粉丝   D. 平台流量

4. 短视频用户标签化是短视频平台通过用户日常的（   ）分析用户的喜好，从而为用户贴上对应标签。

    A. 地域特点   B. 性别特点   C. 年龄特点   D. 观看数据

5. 短视频（   ）是指选择拍摄画面的过程，主要包括选择拍摄的场景、确定拍摄的角度和位置、确定画面的宽高比和比例等。

    A. 构图设计   B. 拍摄运镜   C. 后期剪辑   D. 拍摄取景

6. （   ）是一种视觉构图技巧，是指将画面分为两个或更多个完全相同或几乎相同的部分。

    A. 对称构图   B. 框架构图   C. 居中构图   D. 线性构图

7. 拉运镜是指在拍摄时，镜头（   ），不断远离被摄主体，主体在画面中的比例逐渐变小。

    A. 向右移动   B. 向左移动   C. 向后移动   D. 向前移动

8. 反差类场景设计容易激发用户的好奇心，使之能够长时间观看短视频，提升短视频的（   ）。

    A. 完播率   B. 转发量   C. 收藏量   D. 粉丝量

9. 要想使用其他视频中的音乐，可以直接使用剪映中的（   ）功能。

    A. 导入音乐   B. 提取音乐   C. 负责音乐   D. 录制音乐

10. 数据分析平台的（　　）是指分析不同类型、不同主题的视频的播放量、互动量、留存率等指标，帮助内容创作者了解用户对不同类型、不同主题的视频的偏好和反应。

　　A. 特点分析　　　B. 内容分析　　　C. 运营分析　　　D. 营销分析

11. 新人短视频创作者最好选择自己（　　）的领域，这样内容才会具有深度，使目标受众更加信服。

　　A. 最喜欢　　　B. 最感兴趣　　　C. 最向往　　　D. 最擅长

12. 短视频内容定位公式：（　　）+内容形式+内容风格=内容定位。

　　A. 内容方向　　　B. 内容载体　　　C. 视频画面　　　D. 故事情节

13. （　　）是一种引起受众思考，寻求解决办法的标题设计思路。

　　A. 利益引导　　　　　　　　B. 激发好奇心

　　C. 目标用户+需求　　　　　　D. 提出问题

14. （　　）是指在设置自定义投放时，选择和对标账号相似的目标用户画像。

　　A. 智能推荐投放　　　　　　B. 达人相似投放

　　C. 自定义投放　　　　　　　D. 随机投放

15. 下列哪项不属于知识付费的模式？（　　）

　　A. 付费观看　　　B. 购买咨询　　　C. 用户打赏　　　D. 餐饮同城服务

得分	评卷人

二、填空题（每题2分，共20小题，共计40分）

1. 直播电商属于＿＿＿＿＿＿模式，它是基于用户的兴趣和偏好，通过个性化推荐等方式引导用户购买商品。

2. ＿＿＿＿＿＿流量的价值取决于获取流量的＿＿＿＿＿和流量的＿＿＿＿＿两点。

3. ＿＿＿＿＿＿模式让短视频内容直接霸屏。用户登录后直接就看到系统推荐的单个短视频内容，整个界面没有让用户进行选择的空间。

4. 大数据和人工智能之间的关系主要是＿＿＿＿＿、数据分析、＿＿＿＿＿和技术融合。

5. 短视频拍摄在取景设计上，常用的景别主要有＿＿＿＿、＿＿＿＿、全景、特写。

6. 短视频拍摄方位通常分为＿＿＿＿、＿＿＿＿、斜侧、背面等角度。

7. 环绕运镜是指拍摄时以主体为轴心，镜头围绕轴心呈＿＿＿＿或＿＿＿＿移动。

8.定格画面又称为画面停帧，是指在视频播放过程中，突然_____一定时间，但在此期间背景音效、配音却_____。

9.使用剪映将视频中的歌词生成字幕，只需要使用剪映的_____功能即可。

10.通常短视频账号信息主要包括_____、_____、性别、年龄、地址、学校、背景图、简介。

11.数据分析平台可以抓取各类平台中账号的_____、作品数据、阶段性增粉量、带货数据、行业排行达人榜单、直播数据、粉丝画像等关键指标。

12.分析对标账号通常要从5个维度进行分析，它们分别是_____、_____、分析内容选题、_____和分析变现模式。

13.短视频平台的需求，即需要内容创作者吸引内容需求者进行_____的停留并使用平台进行内容消费。

14.在短视频人设定位时选择_____进行定位设计，是指选择自己的工作身份、社会身份进行人设定位。

15.把握热点趋势中的热点类型：_____、热点音乐、热点形式。

16.分镜头脚本主要包括_____、景别、_____、特效应用、时间、音效、灯光等。

17.短视频账号_____矩阵是指在同一短视频平台上注册多个账号，并发布相似、相近的内容。

18.付费推广投放中的_____是指短视频运营者根据账号定位和粉丝画像，在投放时选择目标用户。

19.付费观看又称为_____，是一种目前网络上最为流行的知识付费模式。

20.广告变现模式主要包括_____、_____、引导下载广告和平台内有偿任务。

得分	评卷人

三、判断题（每题1分，共10小题，共计10分）

1.短视频虽然时长较短，但内容的完整性并不缺失，更加符合信息快餐化对内容"短小精干"的消费需求。（　　）

2.抖音以年轻用户为主，其中20～25岁的用户占据总用户的80%。（　　）

3.微信具有强大的社交功能，所以视频号也继承了这种强社交属性。（　　）

4.观看时长是指用户观看该短视频的总体时间，是评判短视频质量最重要的指标。（　　）

5.框架构图是一种视觉构图技巧，是指通过在画面中创建中心点来突出主题或主体。（　　）

6.摇运镜是指在拍摄过程中，镜头原地不动，旋转镜头使之呈弧线旋转。（　　）

7.调节对比度可以改变视频中相邻颜色亮度差异的强度，从而影响画面的明暗对比度。（　　）

8.分析对标账号只需要分析对标账号的粉丝画像即可。（　　）

9.一个好标题的首要原则就是需要具有针对性，明确这条短视频针对的目标人群是哪类。（　　）

10.账号矩阵具有协同性，当多个账号隶属于同一主体时，运营者可以强化互动，增加账号影响力和用户信任度。（　　）

得分	评卷人

四、简答题（每题5分，共4小题，共计20分）

1.请简述短视频快速普及的原因。

2.请简述影响短视频评分的六大要素。

3.正光拍摄的使用方法和效果特点是什么？

4.请简述短视频选题与内容定位的区别。

附录 B

知识与能力总复习（卷 2）

（全卷：100分　答题时间：120分钟）

得分	评卷人

一、选择题（每题2分，共15小题，共计30分）

1.（　　）是指通过直播平台实现商品销售的电子商务模式。商家通过直播平台进行直播推销商品，吸引用户观看直播并购买商品。

　　A.传统电商　　　B.短视频带货　　C.直播电商　　　D.搜索电商

2. 视频号目前日活跃用户数高达4亿，依托微信强大的（　　），成为私域流量运营的重要载体。

　　A.分享功能　　　B.社交功能　　　C.直播功能　　　D.电商功能

3. bilibili中的内容以（　　）和游戏居多，所以吸引了大量年轻用户。

　　A.军事　　　　　B.体育　　　　　C.美食　　　　　D.二次元

4. 系统判断短视频是否为（　　）又称为"查重"，是一种防止搬运其他创作者内容从而获利的机制。

　　A.原创　　　　　B.搬运　　　　　C.模仿　　　　　D.复制

5.（　　）是一种视觉构图技巧，是指拍摄主题或主体被放置在画面的中心位置。这种构图技巧通常会使画面更加对称和平衡，使观众的注意力集中在主题上。

　　A.对称构图　　　B.框架构图　　　C.居中构图　　　D.线性构图

6. 推运镜是指在拍摄时，镜头（　　），不断靠近被摄主体，主体在画面中的比例逐渐变大。

　　A.向后移动　　　B.向左移动　　　C.向右移动　　　D.向前移动

7. 短视频中的（　　）是镜头与镜头之间的切换，主要用于从一个场景转换到另一个场景的过渡。

　　A.动画　　　　　B.特效　　　　　C.滤镜　　　　　D.转场

8. 视频画面昏暗，画质低下，可以通过剪映的（　　）功能进行画质优化。

　　A.转场　　　　　B.特效　　　　　C.滤镜　　　　　D.调色

9. 数据分析平台可以对短视频账号进行（　　）、营销分析和运营分析。

　　A.内容分析　　　B.特点分析　　　C.运营指导　　　D.拍摄指导

10. 数据分析平台的（　　）是指分析广告的曝光量、点击率、转化率等指标，帮助广告主了解广告效果和受众反应，进而制定更精准的广告投放策略。

　　A.特点分析　　　B.内容分析　　　C.运营分析　　　D.营销分析

11. 数据分析平台的（　　　）是指分析账号的日活跃用户数、月活跃用户数、留存率、用户活跃时段等指标，帮助平台运营者了解平台的运营情况和趋势，进而制定更有效的运营策略。

　　　A. 特点分析　　　B. 内容分析　　　　C. 运营分析　　　　D. 营销分析

12. 粉丝画像中的数据项不包括（　　　）。

　　　A. 视频播放数据　B. 年龄阶段　　　　C. 性别比例　　　　D. 消费喜好

13. 利益引导标题结构主要为（　　　）。

　　　A. 用户+需求　　B. 成本+回报　　C. 场景+应用　　D. 场景+方案

14. 下列哪些不属于短视频账号矩阵的特点？（　　　）

　　　A. 多元性　　　　B. 放大性　　　　　C. 协同性　　　　　D. 差异性

15. 短视频带货可以通过在短视频中添加（　　　），从而方便用户消费购买。

　　　A. 商品链接　　　B. 商品介绍　　　C. 商品详情页　　D. 商品图片

得分	评卷人

二、填空题（每题2分，共20小题，共计40分）

1. KOL也称为_____，是指在特定领域中拥有更多、更准确的产品认知，且为目标群体所接受或信任，并对该群体的购买行为有较大影响力的人。

2. UGC（User Generated Content）模式指的是_____模式，是一种通过用户参与、创造和共享创意内容的方式来促进用户互动和参与的模式。

3. 通常直播变现主要有_____、直播打赏、_____和知识付费等几种模式。

4. 大数据的4V特点分别是_____、_____、Variety（多样）、Value（价值密度）。

5. 短视频平台将流量按数量分为多个等级，称之为短视频平台的_____。

6. _____是指拍摄被摄物与镜头之间距离极为接近的场景，这种镜头通常用于突出被摄物的细节。

7. 短视频拍摄常见的光线角度主要包括逆光、斜侧光、_____和_____。

8. 短视频账号信息需要告诉目标用户：_____、我有什么特点、我在哪、_____、我能带来什么价值。

9. 要想使用剪映为短视频自动生成字幕，只需要使用剪映的_____功能即可。

10. 短视频第三方数据分析平台是一种专门用于分析短视频平台数据的在线服务，提供_____、数据挖掘和数据可视化等功能。

11. 短视频内容形式主要有_____、_____、影视解说形式、图文形式和Vlog形式。

12. _____是短视频呈现的一种特点，这种特点通常和视频主角的性格特征相吻合。

13. "流量密码"是指_____时间吸引流量的因素。

14. 常见的短视频选题方法是_____、把握热点趋势和_____。

15. 短视频账号横向矩阵是指在_____短视频平台上注册多个账号，并发布相同内容。

16. 付费推广投放中的_____投放，是指短视频平台根据账号标签和短视频特点，系统自动给短视频内容推荐付费金额对应的流量。

17. 常见的粉丝经营方法有_____、_____和粉丝活动等。

18. 付费流量最核心的功能是流量_____作用。

19. 购买咨询服务又称为_____，是一种在知识付费中最常见的模式，即帮助用户解答生活、工作、学习中遇到的各类疑难问题。

20. 用户打赏模式又称为_____，是指用户在观看直播或视频时，可以通过购买虚拟礼物来支持创作者。

得分	评卷人

三、判断题（每题1分，共10小题，共计10分）

1. 公域流量需在平台允许的范围内与流量进行互动，受平台规则限制。（　　）

2. 在直播中涉及营销话术时，禁止出现恶意宣传和不切实际的宣传话术。

（　　）

3. 大数据集合中的数据通常都是有用信息，通过数据挖掘和分析技术就能产生价值。（　　）

4. 云台又称为拍摄稳定器，是一种用于相机、摄像机等设备的稳定和方向调节的装置。（　　）

5. 叙事场景是指在视频制作中，通过场景的布置、摆设、道具、服装、灯光等元素，来传递和强化情感、主题、氛围、角色等信息的一种场景设计方式。
（　　）

6. 通过【滤镜】功能，可以调整视频画面比例。（　　）

7. 选择对标账号，只需选择同领域粉丝最多的账号即可。（　　）

8. 短视频脚本是指剧情文案脚本。（　　）

9. 创建达人相似投放计划，是一种快速起号、贴标签的投放技巧。（　　）

10. 品牌广告又称为产品贴片广告。（　　）

得分	评卷人

四、简答题（每题 5 分，共 4 小题，共计 20 分）

1. 碎片化信息时代的内容具备哪些特性？

2. 请简述短视频与直播的关系。

3. 分析短视频目标受众通常需要考虑哪些维度？

4. 打造短视频账号矩阵有什么价值？

附录 C

短视频常用术语释义速查表

术语/概念	释义
短视频流量	短视频在短视频平台上的播放数量
直播间流量	规定时间段内进入直播间的人数
引流	帮助短视频内容、直播间获得流量的方法
投流	付费引流的方法
互动	点赞、评论、关注、转发都属于互动行为
音浪	抖音的虚拟货币，抖音直播间打赏的单位
快币	快手的虚拟货币，快手直播间打赏的单位
挂链接	在短视频中和直播间上架商品链接
直播广场	常指直播平台中的直播入口汇聚地
小黄车	抖音短视频和直播间售卖商品的购物车，因其为黄色，所以称为"小黄车"
商品橱窗	直播电商商品分享功能
MCN	主播、品牌方、媒体平台三方的中介机构
KOL	关键意见领袖（Key Opinion Leader，KOL）
UV	独立访客数，指访问某个站点或点击某个网页的不同IP地址的人数
SKU	库存量单位。对于电商行业，店铺中的一个商品就是一个SKU
ROI	投入产出比
GMV	商品交易总额
GPM	直播间每一千个观众购买的总金额
ACU	直播间同时在线人数
CTR	点击率或点曝比，互联网广告中常用的术语
PCU	直播间最高在线人数
DAU	网站或电商一个自然日内活跃用户的数量
MAU	网站或电商一个月内活跃用户的数量
CVR	直播间转化率
C2M	销售端的用户反馈
eCPM	估算千次投放成本
OEM	代工或代生产，用别人的技术和品牌，工厂只负责生产
精选联盟	抖音电商旗下连接抖店供应端（商家）与流量端（推广者）的交易营销系统
在线时长	用户在直播间平均停留的时长
客单价	平均每个顾客的成交金额

续表

术语/概念	释义
坑位费	邀请明星或网红帮助直播带货所收取的相关费用
带货佣金	电商主播按照直播间产品销量，向商家收取一定比例的佣金
主播	直播间的核心主持人和短视频账号出镜的主角
直播推流	将本地视频源和音频源传输到服务器的过程
上热门	直播间获得了直播平台推荐的巨大流量